essentials

essentials liefern aktuelles Wissen in konzentrierter Form. Die Essenz dessen, worauf es als „State-of-the-Art" in der gegenwärtigen Fachdiskussion oder in der Praxis ankommt. *essentials* informieren schnell, unkompliziert und verständlich

- als Einführung in ein aktuelles Thema aus Ihrem Fachgebiet
- als Einstieg in ein für Sie noch unbekanntes Themenfeld
- als Einblick, um zum Thema mitreden zu können

Die Bücher in elektronischer und gedruckter Form bringen das Fachwissen von Springerautor*innen kompakt zur Darstellung. Sie sind besonders für die Nutzung als eBook auf Tablet-PCs, eBook-Readern und Smartphones geeignet. *essentials* sind Wissensbausteine aus den Wirtschafts-, Sozial- und Geisteswissenschaften, aus Technik und Naturwissenschaften sowie aus Medizin, Psychologie und Gesundheitsberufen. Von renommierten Autor*innen aller Springer-Verlagsmarken.

Weitere Bände in der Reihe http://www.springer.com/series/13088

Thomas Hecht

Thermodynamik (nicht nur) für Chemietechniker

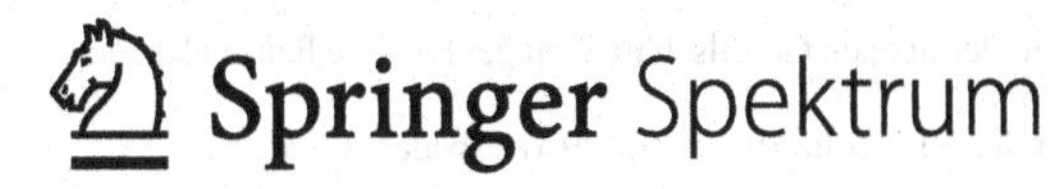

Thomas Hecht
Carl-Engler-Schule
Karlsruhe, Deutschland

ISSN 2197-6708 ISSN 2197-6716 (electronic)
essentials
ISBN 978-3-658-34775-8 ISBN 978-3-658-34776-5 (eBook)
https://doi.org/10.1007/978-3-658-34776-5

Die Deutsche Nationalbibliothek verzeichnet diese Publikation in der Deutschen Nationalbibliografie; detaillierte bibliografische Daten sind im Internet über http://dnb.d-nb.de abrufbar.

Planung/Lektorat: Désirée Claus
Springer Spektrum ist ein Imprint der eingetragenen Gesellschaft Springer Fachmedien Wiesbaden GmbH und ist ein Teil von Springer Nature.
Die Anschrift der Gesellschaft ist: Abraham-Lincoln-Str. 46, 65189 Wiesbaden, Germany

Was Sie in diesem *essential* finden können

- Die Hauptsätze der Thermodynamik
- Durchgerechnete Beispiele
- Mathematik ohne Differential- und Integralrechnung

Inhaltsverzeichnis

Grundlagen und Grundbegriffe

1

1.1 Thermodynamik

Die Thermodynamik hat ihre sprachlichen Wurzeln – wie so viele Begriffe der Naturwissenschaften – im Altgriechischen und setzt sich aus den Wörtern θερμός (thermós, warm) und δύναμις (dýnamis, Kraft) zusammen. Der Beginn der Thermodynamik als (ingenieur)wissenschaftliche Disziplin liegt im frühen 19. Jahrhundert. Zunächst war die Thermodynamik vor allem ein Gebiet für Physiker und Ingenieure. Nahezu alle heute bekannten Antriebsmaschinen wurden in diesem Jahrhundert entwickelt – Nikolaus OTTO (1867) und Rudolf DIESEL (1892) sind sicherlich die heute bekanntesten. Zu dieser Zeit war Thermodynanik vor allem als Wärmelehre bzw. Theorie der Wärmekraftmaschinen zu sehen. Auch der Begriff der Volumenarbeit wurde in diesem Jahrhundert entwickelt.

Je nach Sichtweise lassen sich die Ursprünge aber auch weiter in der Vergangenheit suchen (und finden): Das p–V-Diagramm zur Darstellung und Untersuchung thermodynamischer Vorgänge wird James WATT zugeschrieben und bereits im ersten Jahrhundert n. Chr. entwarf Alexander von HERON in Alexandria die erste bekannte und dokumentierte Wärmekraftmaschine der Geschichte, die jedoch lange in Vergessenheit geriet: Erst rund anderthalb Jahrtausende später wurden in Frankreich und England wieder Dampfmaschinen eingesetzt.

1.2 Systeme und Vorzeichenkonvention

Energie kann von einer Form in eine andere umgewandelt und von einem Ort an einen anderen transportiert werden. Physiker, Chemiker und Ingenieure sind meist nicht an den gleichen Arten von Energie und nicht an den gleichen Orten

T. Hecht, *Thermodynamik (nicht nur) für Chemietechniker*, essentials,
https://doi.org/10.1007/978-3-658-34776-5_1

interessiert, von bzw. zu denen Energie tranportiert wird, aber eines haben alle gemeinsam: Sie wollen wissen, *wie viel* Energie transportiert oder umgewandelt wird. Dazu machen Sie das gleiche wie ein Buchhalter: Sie bilanzieren. Der Bilanzraum ist hier aber keine Firma und auch kein Privatkonto, gezählt werden keine Währungseinheiten. Der Bilanzraum des Thermodynamikers wird als System bezeichnet und ist der Teil des Universums, der gerade von Interesse ist. Das kann ein Kühlschrank, ein Motor, ein Dreihalskolben oder ein Becherglas sein. So unterschiedlich Systeme auch sein können, gibt es nur eine ziemlich überschaubare Anzahl von Kategorien, die sich eigentlich nur in der Durchlässigkeit ihrer Systemgrenzen unterscheiden. „Durchlässigkeit" bezieht sich hierbei auf Energie und auf Materie, es existieren die Grundtypen

- *offenes,*
- *geschlossenes* und
- *abgeschlossenes* System.

In Abb. 1.1 ist links ein offenes System zu sehen, in dem sowohl Stoff- als auch Energieaustausch möglich ist, also zum Beispiel ein Kochtopf auf einer Herdplatte oder ein Becherglas. Das System in der Mitte ist geschlossen, es verhindert den Stoffaustausch. Dabei könnte es sich zum Beispiel um einen Dampfkochtopf handeln oder einen Autoklaven. Das System rechts ist abgeschlossen, es findet also weder Stoff- noch Energieaustausch mit der Umgebung statt, was (zumindest angenähert) in einer Thermosflasche realisiert ist.

Wer genau hingeschaut hat, dem ist vielleicht aufgefallen, dass in der Abbildung oben für die Energie das Symbol Q verwendet wird. Mit Q ist in der Regel die Wärmeenergie gemeint, im abgeschlossenen System oben würde also nur der Austausch von Wärmeenergie verhindert. Gibt es auch andere Energieformen, die relevant sind? Die gibt es in der Tat, und zwar dann, wenn die Systemgrenzen

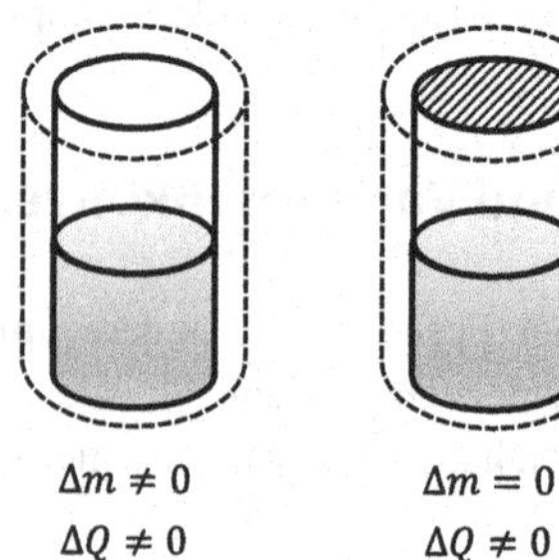

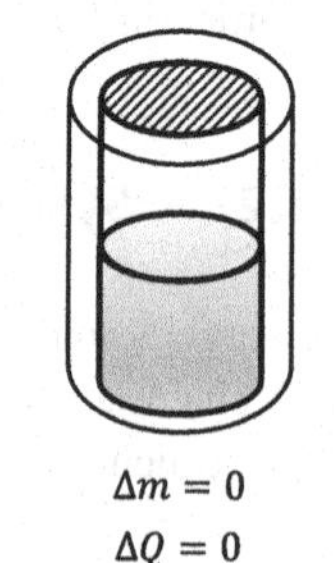

Abb. 1.1 Grundtypen thermodynamischer Systeme (links: offen, mitte: geschlossen, rechts: abgeschlossen)

variabel sind. Ein (wenn auch alles andere als perfektes) Beispiel ist eine Fahrradpumpe: Hält man das Auslassventil zu und drückt den Kolben in den Zylinder, so erfolgt zwar kein Stoffaustausch, das Volumen des Systems wird aber verringert. Durch das Komprimieren wird Arbeit am System „Fahrradpumpe" geleistet und ihm somit Energie zugeführt. Diese Arbeit ist rein mechanisch und wird unter anderem dadurch messbar, dass sich die Temperatur im System erhöht (es findet also sowohl eine Energie*zufuhr* als auch eine Energie*umwandlung* statt).

Damit ergibt sich eine weitere Unterscheidung: Sind die Systemgrenzen variabel (vgl. Abb 1.2), kann *vom* bzw. *am* System mechanische Arbeit verrichtet werden. Wie sich dabei die Temperatur ändert hängt dann unter anderem davon ab, ob die Systemgrenzen für Wärmeenergie durchlässig sind oder nicht und ob sich der Aggregatzustand ändert. In der Abbildung oben rechts ist die Situation dargestellt, dass bei variablen Systemgrenzen *kein* Wärmedurchgang erfolgt, dieser Fall wird als *adiabatisch* bezeichnet. Bei der Fahrradpumpe ist das sicherlich nicht der Fall, diese Situation ist links dargestellt: Die durch Kompression zugeführte Energie wird in Wärmeenergie umgewandelt, welche aufgrund der nicht abgeschlossenen Systemgrenzen an die Umgebung abgegeben wird.

Die genannten Möglichkeiten und Beispiele zeigen die Wichtigkeit, sich auf ein einheitliches Bilanzsystem zu einigen. Konventionsgemäß (vgl. Abb. 1.3) wird Arbeit, die *am* System geleistet wird, positiv gezählt (sie erhöht also den Energieinhalt des Systems) und Energie, welche *vom* System geleistet wird, negativ (der Energieinhalt des Systems wird verringert).

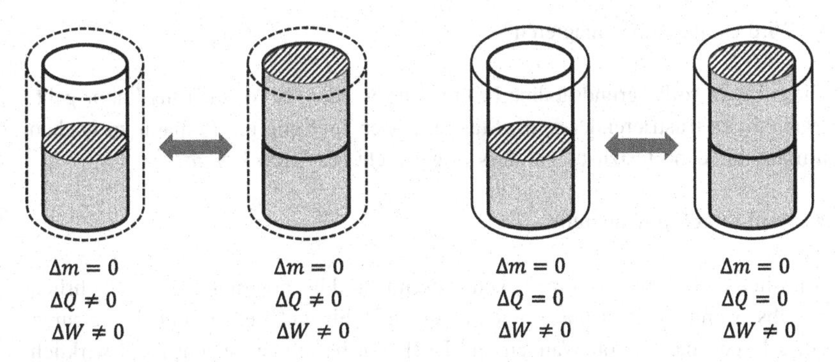

Abb. 1.2 Thermodanymische Systeme mit variablen Systemgrenzen

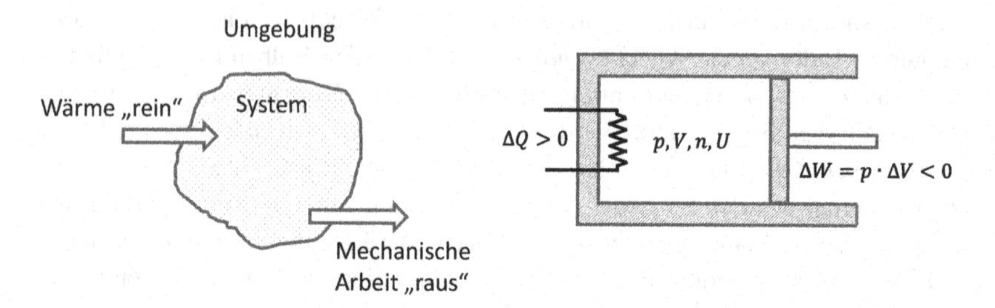

Abb. 1.3 Beispiel für ein System, das nach Zufuhr von Wärmeenergie (positives Vorzeichen von ΔQ) mechanische Arbeit an der Umgebung leisten kann (negatives Vorzeichen von ΔW)

1.3 Chemische Thermodynamik

Da es hier um Thermodynamik (nicht nur) für Chemietechniker gehen soll, liegt der Schwerpunkt natürlich auf der chemischen Thermodynamik. Während heute „die" Thermodynamik eher der Physik zugeordnet wird, ist die chemische Thermodynamik vor allem ein Teilgebiet der Physikalischen Chemie. Dieser zugegeben etwas Mathematik lastige Teil der Chemie steht zwar auf der Beliebtheitsliste nicht unbedingt ganz oben (nicht ganz zu Unrecht trägt sie auch den Namen Thermo*dramatik*...), bildet jedoch die Grundlage aller chemischer Reaktionen und sollte daher nicht allzu sehr vernachlässig werden. Im Mittelpunkt der chemischen Thermodynamik stehen vor allem energetische Vorgänge bei chemischen Reaktionen:

- Wird es *überhaupt* reagieren?

Diese Frage sollte grundsätzlich beantwortet werden, bevor man ins Labor geht. Was gibt es frustrierenderes, als Stunden- oder Tagelang ein Präparat zu kochen um anschließend festzustellen, dass es gar nicht reagieren *konnte*?

- Wird es *heftig* reagieren?

Natürlich lässt sich diese Frage auch experimentell beantworten. Aber mal ehrlich – selbst wenn es nicht unbedingt immer um Leib und Leben geht: Die Spuren eines Experimentes von Wänden und Decke zu beseitigen, macht nicht wirklich Freude...

- Wenn es reagiert, wird es *vollständig* oder nur *teilweise* reagieren?

Damit sind wir direkt bei dem leidigen Thema „Ausbeute“. Sind 60 % Ausbeute „gut“ oder „schlecht“? Die Antwort ist ein klassiches „Das kommt darauf an“. Worauf? Mehr dazu später...

Während die *Anwendungsgebiete* der technischen und der chemischen Thermodynamik sich mehr oder weniger stark unterscheiden, sind die physikalischen *Grundlagen* immer die Gleichen: Gerade mal vier Hauptsätze, die es (richtig verstanden) erlauben, so ziemlich alle Vorgänge in Natur und Technik zu beschreiben. Peter Atkins bringt es auf dem Punkt: Four laws that drive the universe[1].

[1] Auf deutsch: „Vier Gesetze, die das Universum bewegen.“ Passt auch, aber der Englische Titel klingt schon etwas eindrucksvoller...

2 Nullter Hauptsatz

Der Nullte Hauptsatz der Thermodynamik klingt in seiner üblichen Formulierung vielleicht etwas sperrig, ist aber ziemlich trivial und gleichzeitig ziemlich wichtig. Er lautet:

> Steht ein System A im thermischen Gleichgewicht mit einem System B, und steht gleichzeitig das System B im thermischen Gleichgewicht mit einem weiteren System C, so stehen auch die Systeme A und C im thermischen Gleichgewicht.

Das ist trivial, weil es doch eigentlich logisch klingt: Wenn ein Eiswürfel von 0 °C in flüssigem Wasser von 0 °C schwimmt und die Umgebungsluft ebenfalls Null Grad hat, so sind alle drei im thermischen Gleichgewicht. Ersetzt man den Eiswürfel durch ein Thermometer wird klar, warum der 0. HS der TD so wichtig ist: er stellt eine wichtige Voraussetzung beispielsweise für Temperatur-Messverfahren dar. Warum das so wichtig ist, zeigt sich später bei der Bestimmung der Reaktionswärme im Kalorimeter.

Unter welchen Bedingungen liegt nun das zur Erfüllung des Nullten Hauptsatzes erforderliche thermische Gleichgewicht vor? Wie kann es eingestellt werden? Abb. 2.1 zeigt ein einfaches System, bestehend aus Luft, Eis, Wasser und dem Behälter, in dem sich das Ganze befindet. Zunächst herrscht kein Thermisches Gleichgewicht, was bedeutet, dass die Temperaturen der vier Teile des Systems unterschiedlich sind.

T. Hecht, *Thermodynamik (nicht nur) für Chemietechniker*, essentials,
https://doi.org/10.1007/978-3-658-34776-5_2

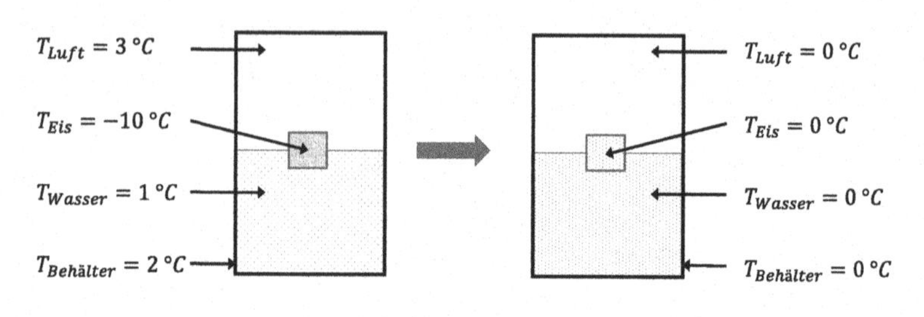

Abb. 2.1 Beispiel für ein einfaches System vor (links) und nach (rechts) der Einstellung des thermischen Gleichgewichts

Wie stellt sich nun das Gleichgewicht ein? Unter der Voraussetzung, dass die genannten vier Bestandteile zusammen ein abgeschlossenes System bilden, passiert das spontan. Spontan bedeutet ohne äußeren Einfluss, also „von alleine“. Das kann und wird durchaus einigen Zeit dauern, da die Wärme mit endlicher Geschwindigkeit vom Ort höherer Temperatur zum Ort niedrigerer Temperatur strömt[1].

Abb. 2.2 zeigt schematisch die Einstellung des thermischen Gleichgewichts für zwei Gase unterschiedlicher Temperatur, die sich in zwei getrennten Behältern befinden, welche nach außen abgeschlossen sind. Der Pfeil zeigt die Richtung des Wärmestroms an, also ist die Temperatur „links“ höher als die Temperatur „rechts“. Wärmenergie strömt so lange nach „rechts“, bis in beiden Bereichen die Temperatur gleich ist und der Wärmestrom zum Erliegen kommt.

Bei Gasen lässt sich die Temperatur ziemlich einfach als kinetische Energie interpretieren: Ist die Temperatur hoch, bewegen sich die Teilchen „schnell“, ist sie niedrig, bewegen sich die Teilchen „langsam“. Natürlich stoßen die Gasteilchen ständig aneinander und ändern dadurch Ihre Geschwindigkeit. Der Mittelwert der Geschwindigkeit (= kinetische Energie) bleibt aber konstant, nur die Geschwindigkeit einzelner Teilchen ändert sich. Die (makroskopisch)

[1] Um einen Wärmestrom zwischen Behälterwand (=Systemgrenze) und Umgebung zu verhindern, kann man den Behälter zum Beispiel in einen Thermostaten stellen, dessen Temperatur immer auf die Behältertemperatur eingeregelt ist.

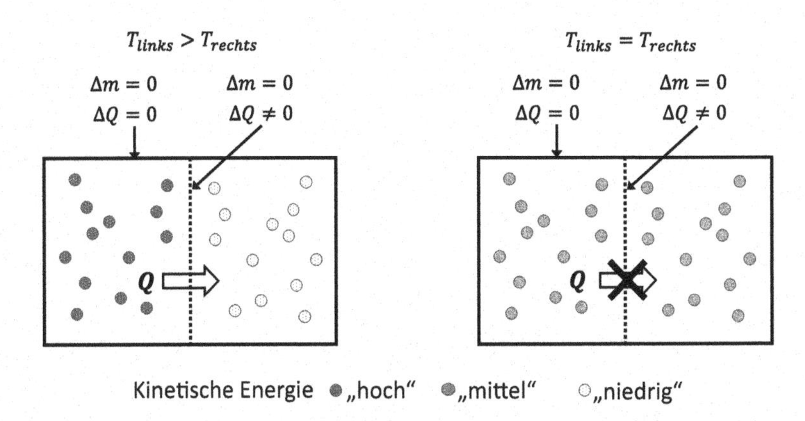

Abb. 2.2 Veranschaulichung des Nullten Hauptsatzes: Systeme in thermschen Ungleichgewicht (links) und im thermischen Gleihgewicht (rechts) eines abgeschlossenen Systems

gemessene Temperatur ist nichts anderes als ein Maß für die mittlere Teilchengeschwindigkeit[2]. Anders formuliert: Herrscht thermisches Gleichgewicht, ist die mittlere kinetische Energie der Teilchen im „linken" Behälterteil gleich der mittleren kinetischen Energie der Teilchen im „rechten" Behälterteil[3].

[2] Jeder noch so kleine Temperatursensor wird ständig von (sehr) vielen Gasteilchen getroffen, es ist weder möglich noch sinnvoll, von der Temperatur *eines* Teilchens zu sprechen.

[3] Die nicht ganz saubere Trennung von kinetischer Energie und Geschwindigkeit ist hier zulässig, wenn wir Teilchen einer Sorte betrachten.

3 Erster Hauptsatz

Der erste Hauptsatz ist im Grunde nichts anderes als der altbekannte Energieerhaltungssatz, ergänzt durch die Entdeckung Robert Mayers, dass auch Wärme eine Energieform ist.

> Die Kernaussage des Ersten Hauptsatzes lautet: Jedes System besitzt eine Innere Energie. Diese kann sich nur durch den Transport von Energie in Form von Arbeit und/oder Wärme über die Grenze des Systems ändern.

Je nach Durchlässigkeit der Systemgrenzen ist die Innere Energie des Systems also konstant oder auch nicht. Formelmäßig lässt sich das ziemlich harmlos formulieren:

$$\Delta U = \Delta Q + \Delta W$$

Die Anwendung des ersten Hauptsatzes auf ein konkretes System ist im Wesentlichen ein Bilanzproblem: Was und wieviel von welcher Energiesorte geht rein, was geht raus? Ein einfaches Beispiel kann das veranschaulichen (Abb. 3.1): Das interessierende System soll ein Zylinder mit einem arretierbaren Kolben sein, in dem eine Gasportion eingeschlossen ist. Das System ist thermisch isoliert, sodass kein Wärmeaustausch mit der Umgebung stattfindet. Im Kolben ist eine elektrische Heizspirale, die sich durch Schließen eines Schalters ein- und ausschalten lässt.

Wenn der Stromkreis geöffnet ist und der Kolben fixiert, wird kein Austausch von Energie mit der Umgebung stattfinden und die Gesamtmenge an Energie im

T. Hecht, *Thermodynamik (nicht nur) für Chemietechniker*, essentials, https://doi.org/10.1007/978-3-658-34776-5_3

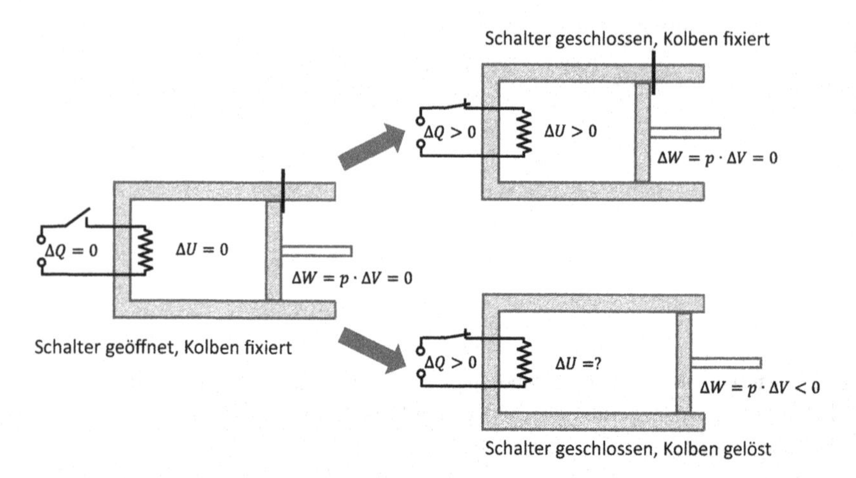

Abb. 3.1 Modellversuch zum Ersten Hauptsatz der Thermodynamik. Durch den Stromkreis kann dem System Wärmeenergie Q zugeführt werden, durch den beweglichen Kolben kann das System mechanische Arbeit an der Umgebung verrichten

System ist konstant. Daher gilt:

$$\Delta U = \Delta Q + \Delta W = 0 + 0 = 0$$

Sobald der Schalter geschlossen ist, fließt ein Strom durch die Heizspirale, die vollständig in Wärme ungewandelt wird[1]. Daher ist es zulässig, die am System geleistete elektrische Arbeit mit der ihm zugeführten Wärmemenge gleichzusetzen:

$$\Delta Q = W_{el} = P_{el} \cdot t > 0$$

Solange der Kolben fixiert ist, wird also der Energieinhalt des Systems durch den fließenden elektrischen Strom vergrößert:

$$\Delta U = \Delta Q + \Delta W = P_{el} \cdot t + 0 > 0$$

[1] Jede Energieform lässt sich vollständig in Wärme umwandeln, umgekehrt gilt das leider nicht.

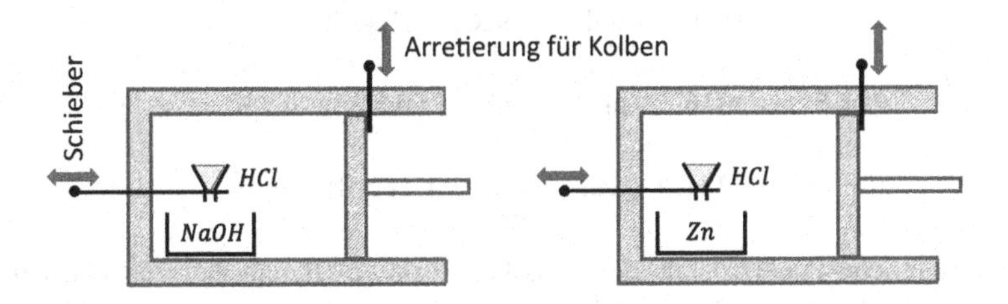

Abb. 3.2 Modellversuch zum Ersten Hauptsatz der Thermodynamik: Durch eine chemische Reaktion (in beiden Fällen exotherm) wird dem System Wärmenergie zu gefführt, im Beispiel rechts wird zusätzlich die Gasmenge durch Bildung von Wasserstoff vergrößert

Dadurch wird die Temperatur des Gases im Behälter steigen, was wiederum zu einem Druckanstieg führt. Wenn vor der Erwärmung Innen- und Außendruck gleich waren, wird nun also der Innedruck größer als der Außendruck. Was passiert, wenn die Arretierung fehlt? Der Kolben wird sich nach außen bewegen, wodurch er mechanische Arbeit an der Umgebung leistet. Diese Arbeit wird als Volumenarbeit bezeichnet, da sie dazu verwendet wird, das Volumen des Systems zu vergrößern. Folglich verringert die (vom System geleistete) Arbeit dessen Energieinhalt und wird (unter Beachtung der Vorzeichenkonvention) negativ in die Energiebilanz eingehen. Da unser System perfekt isoliert sein soll, geht keine Wärmeenergie verloren und die Expansion ist adiabatisch. Also kann man annehmen, dass die vom System (= Gas) geleistete mechanische Arbeit betragsmäßig genauso groß ist wie die zuvor dem System zugeführte Wärmenergie:

$$\Delta U = \Delta Q + \Delta W = P_{el} - W_{Vol} = 0$$

Wird der Energieinhalt des Systems nicht durch Umwandlung elektrischer Energie zugeführt sondern durch eine chemische Reaktion geändert, lässt sich das ganz ähnlich veranschaulichen. Ob die Reaktion exotherm ($\Delta Q > 0$) oder endotherm ($\Delta Q < 0$) abläuft ist prinzipiell egal, zum besseren Vergleich werden für die folgende Beispiele jeweils exotherme Reaktionen betrachtet.

Das System soll wieder aus einem Behälter mit arretierbarem Kolben bestehen. In dem Behälter steht ein Gefäß mit einem Reaktionspartner, zum Beispiel Natronlauge oder Zink (Abb. 3.2). Zweiter Reaktionspartner ist Salzsäure, die sich in einem Trichter befindet. Der Ablauf des Trichters ist durch einen Schieber verschlossen und lässt sich von außen bedienen, ebenso wie die Arretierung des Kolbens. Je nach Behälterinhalt laufen nun folgende Reaktionen ab: Die Salzsäure reagiert mit Natronlauge zu Natriumchlorid und Wasser,

$$\text{HCl} + \text{NaOH} \rightarrow \text{NaCl} + \text{H}_2\text{O} \text{ (I)}$$

während bei der Reaktion mit Zink Zinkchlorid und Wasserstoff entsteht.

$$2\,\text{HCl} + \text{Zn} \rightarrow \text{ZnCl}_2 + \text{H}_2 \text{ (II)}$$

Der wesentliche Punkt ist nun der, dass bei Reaktion (II) ein Gas entsteht, bei Reaktion (I) aber nicht. Bereits bei einem so simplen Aufbau wie in die Abbildung oben gezeigt, lassen sich schon mindestens vier Fälle unterscheiden: Die exotherme Reaktionswärme wird genutzt

- um den Behälterinhalt isochor zu erwärmen (Kolben arretiert, daher ist $V =$ const),
- um den Behälterinhalt isobar zu erwärmen (Kolben nicht arretiert, daher ist p = const),
- um den Behälterinhalt und das gebildete Gas isochor zu erwärmen (Kolben arretiert, daher ist $V =$ const) oder
- um den Behälterinhalt und das gebildete Gas isobar zu erwärmen (Kolben nicht arretiert, daher ist $p =$ const).

Auch ohne konkrete Rechnung zeigt das, dass die Thermodynamik bei chemischen Reaktionen ziemlich schnell ziemlich komplex werden kann, insbesondere auch deshalb, weil sich auch bei abgeschlossenen Systemen die Teilchenzahl ändern kann[2].

3.1 Innere Energie

Wie gerade gezeigt, beschäftigt sich der Erste Hauptsatz mit Änderungen der Inneren Energie. Daher lohnt sich eine kurze Betrachtung dessen, was die Innere Energie eigentlich ist (oder auch nicht ist). Unter dem Begriff der Inneren Energie werden kinetische und potentielle Energiebeiträge aller Teilchen des Systems zusammengefasst.

Was bedeutet das? Dazu ein kleines Beispiel (Abb. 3.3): Betrachtet wird ein System, das 1 kg Wasser mit einer Temperatur von 10,02 Grad Celsius enthält[3].

[2] Aber nicht die Masse, somit ist die Unterscheidung offenes/geschlossenes/abgeschlossenes System nach wie vor korrekt.

[3] Der Behälter soll nicht Teil des Systems sein.

Abb 3.3 Kinetische und potentielle Beiträge zur Gesamtenergie bzw. zur Inneren Energie eines Systems

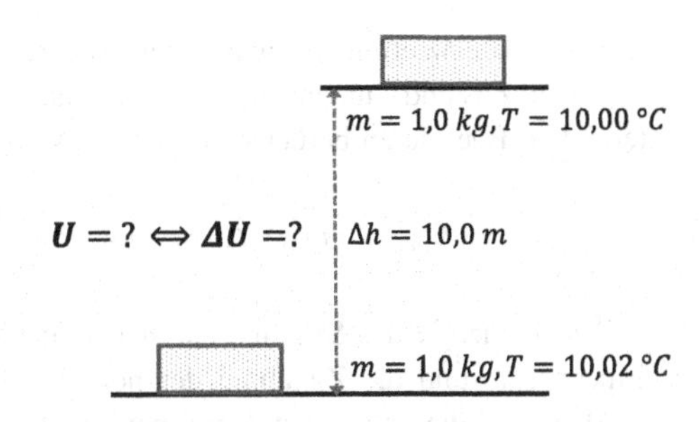

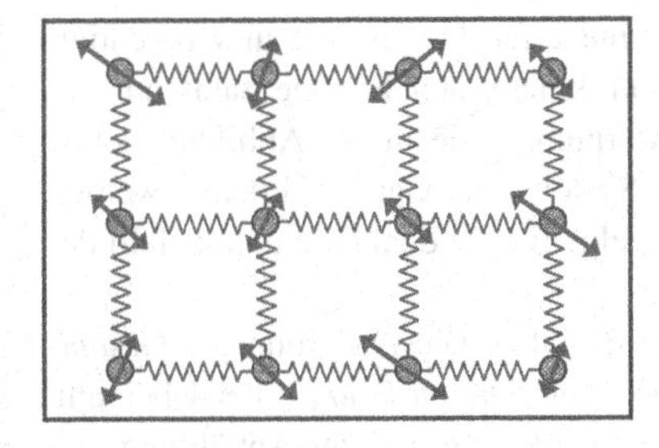

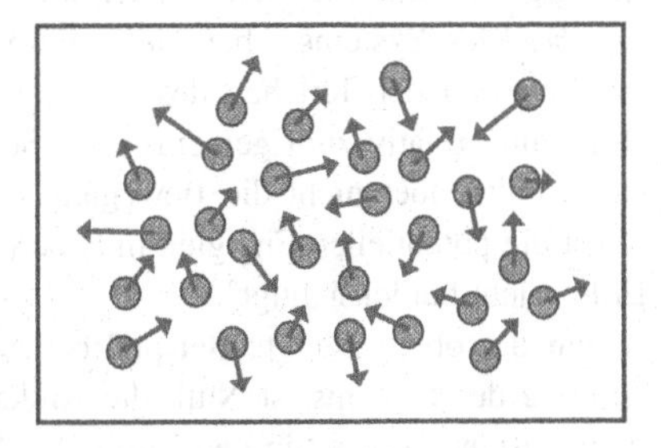

Abb. 3.4 Momentaufnahme des kinetischen Teils der Inneren Energie in einem Fesstoff und einem Gas

Das System wird nun angehoben und hat in 10 m Höhe eine Temperatur von 10,00 Grad Celsius. In welchem Zustand enthält es mehr Innere Energie? Die Temperatur ist ein Maß für die Geschwindigkeit der Teilchen, trägt also zum kinetischen Teil der Inneren Energie bei. Um die Temperatur von einem Kilogramm Wasser um 0,02 Grad Celsius zu erhöhen werden 98,1 J benötigt[4]. Gemäß der Vorzeichenkonvention ist also der Unterschied der kinetischen Energie zwischen dem Zustand „unten" und dem Zustand „oben"

$$\Delta Q = \Delta E_{kin} = -98{,}1\ \text{J}.$$

Diese Änderung der kinetischen Energie entspricht einer Änderung der mittleren Geschwindigkeit der Teilchen, wie in Abb. 3.4 veranschaulicht ist.

[4] Wie sich das berechnen lässt, folgt im Kapitel *Grundgleichung der Wärmelehre*.

Bei der Bilanzierung ist außer der Änderung der kinetischen Energie zwischen dem Zustand „unten“ und dem Zustand „oben“ auch die Änderung der potentiellen Energie zu berücksichtigen. Diese beträgt

$$\Delta E_{pot} = m \cdot g \cdot \Delta h = 1\,\mathrm{kg} \cdot 9{,}81\,\frac{\mathrm{m}}{\mathrm{s}^2} \cdot 10\,\mathrm{m} = 98{,}1\,\mathrm{J}$$

Die Gesamtenergie des Systems hat sich also nicht geändert: Die Abnahme der Wärmeenergie und die Zunahme der potentiellen Energie gleichen sich gerade aus. Aber (und dieses **„Aber“** kann man nicht groß genug schreiben): Die Innere Energie ist zwar die Summe der kinetischen und potentiellen Energien *aller Teilchen* des Systems, aber *nicht* die Summe *aller* kinetischen und potentiellen Energien der Teilchen des Systems. Zur kinetischen Energie zählt nur die Bewegung relativ zum gemeinsamen Schwerpunkt (wie in der Abbildung oben dargestellt), aber nicht die Bewegung des Systems als Ganzes. Ebenso werden meist die potentiellen Energien in äußeren Feldern (wie dem Gravitationsfeld der Erde) nicht berücksichtigt[5].

Für das oben gezeigte Beispiel bedeutet das also: Die Änderung der *Gesamtenergie* des Systems ist Null, die Änderung der *Inneren Energie* bei Übergang vom Zustand „unten“ in den Zustand „oben“ wäre aufgrund der Abkühlung und gemäß der Vorzeichenkonvention – 98,1 J.

Bleibt als letztes die Frage nach der Gesamtmenge an Innerer Energie. Diese kann aus rein praktischen Gründen nicht beantwortet werden. Selbst bei Beschränkung auf innere Felder wie der Bewegung der Elektronen im elektrischen Feld der Atomkerne und der kinetischen Energien der Teilchen relativ zu ihrem Schwerpunkt ist die die Anzahl der Teilchen so groß, dass allein der Versuch schon zum Scheitern verurteilt wäre. Dies stellt aber kein Problem dar, da bei allen interessierenden Vorgängen (egal ob es sich um den Heizwert von Erdöl oder die Verdampfungswärme von Wasser handelt) und damit gemäß dem Ersten Hauptsatz der Thermodynamik nur die Energiemengen betrachtet werden, welche die Systemgrenzen durchdringen. Und das wiederum bedeutet für obiges Beispiel ganz einfach: Die (thermodynamisch relevante) Innere Energie des Systems ist „unten“ größer als „oben“, weil die Temperatur „unten“ höher ist als die Temperatur „oben“.

[5] Diese könnte man als sprachlich als *äußere* Energie auffassen, dann wäre $E_{ges} = U + E_{außen}$.

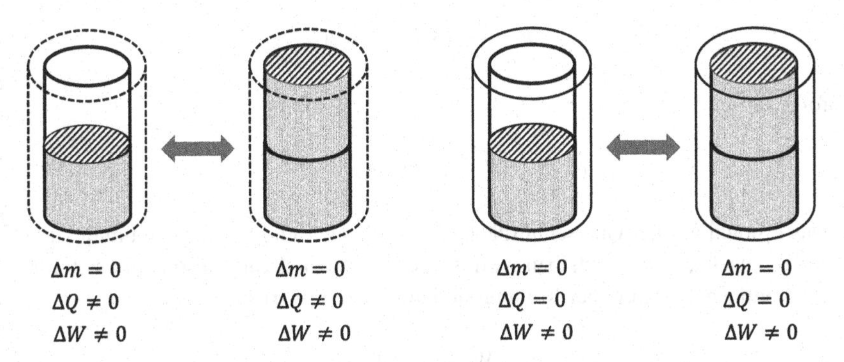

Abb. 3.5 Mechanische Arbeit bei geschlossenen und abgeschlossenen Sytsemen

3.2 Mechanische Arbeit und Volumenarbeit

Im vorherigen Kapitel wurde vor allem der Einfluss der Wärmenergie auf die Innere Energie eines Systems betrachtet. Gemäß dem Ersten Hauptsatz trägt aber auch mechanische Arbeit zur Änderung der Inneren Energie bei. Wie weiter vorne bereits angedeutet, kann daher auch Kompression oder Expansion bei variablen Systemgrenzen eine Änderung der Inneren Energie bewirken.

Dehnt sich das System aus, leistet es Arbeit gegen einen äußeren Druck (Abb. 3.5). Dabei ist es prinzipiell egal, ob der äußere Druck der Luftdruck ist oder durch die Gewichtskraft eines Behälterdeckels verursacht wird. Auch spielt es keine Rolle, ob das sich ausdehnende Gas schon von Anfang an Teil des Systems war oder erst durch eine chemische Reaktion entsteht. Wichtig ist zunächst nur, dass der Kolben beweglich ist und durch das System nach außen bewegt werden kann. Dabei leistet das System mechanische Arbeit an der Umgebung und benötigt dafür natürlich Energie. Volumenarbeit ist einfach diejenige Arbeit, welche ein System bei Ausdehnung gegen einen äußeren Druck verrichtet. Nimmt man als Ansatz die allgemeine Definition der Arbeit[6]

$$W = F \cdot \Delta s$$

Und definiert den Druck als Kraft pro Fläche

[6] Die Formel gilt in dieser einfachen Form für den Fall, dass Kraft- und Wegrichtung übereinstimmen und der Druck konstant ist.

$$p = \frac{F}{A} \Rightarrow F = p \cdot A$$

folgt

$$W = p \cdot A \cdot \Delta s$$

Das Produkt aus der Querschnittfläche des Kolbens A und Strecke Δs, um die der Kolben nach außen verschoben wird ist die Volumenänderung, also ergibt sich für die Volumenarbeit, die bei Kompression am System verrichtet wird:

$$W = p \cdot \Delta V$$

Im Zusammenhang mit der Berechnung der Inneren Energie interessiert nun die *vom* System verrichtete Arbeit, diese hat konventionsgemäß das umgekehrte Vorzeichen[7]:

$$W_{vom\ System\ geleistet} = -p \cdot \Delta V$$

Das macht natürlich Sinn: Die Volumenänderung ist bei Kompression negativ (das Volumen wird ja schließlich kleiner). Da bei Kompression der Energieinhalt des Systems vergrößert wird, muß die am System geleistete Arbeit größer Null, also mit positivem Vorzeichen versehen sein.

Die Volumenarbeit ist direkt proportional zum äußeren Druck: Es erfordert bei doppeltem Außendruck doppelt so viel Energie, ein Volumen um den gleichen Betrag ΔV zu erhöhen. Verringert man den Außendruck gilt sinngemäß das Gleiche, im Extremfall der Expansion ins Vakuum ist die Volumenarbeit sogar Null. Die Volumenarbeit ist übrigens auch Grund für den bekannten Joule-Thomsom-Effekt: Strömen Gase aus einem Behälter aus, kühlen sie ab, da vom System (= Gas) Volumenarbeit geleistet wird.

3.3 Reversible und irreversible Volumenarbeit

Bisher haben wir die Volumenarbeit gegen einen konstanten Außendruck verrichtet, was im Allgemeinen auch zutrifft: Egal, ob eine Gasflasche geöffnet wird und

[7] Wenn es um Änderungen der Inneren Energie geht, ist immer diese Volumenarbeit gemeint, die meist nur mit W (ohne Index) angeben wird.

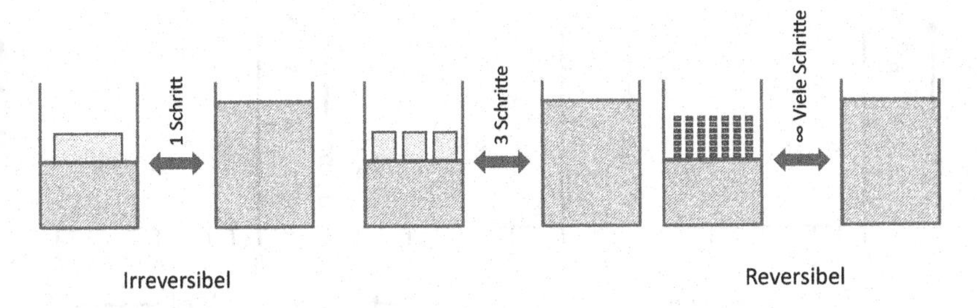

Abb. 3.6 Die Volumenarbeit hängt davon ab, ob der Druck schrittweise oder kontinuierlich verändert wird

das Gas in die Umgebung ausströmt oder ob Dampf aus einem Wasserkocher ausströmt – der Umgebungsdruck wird sich dadurch kaum ändern. Aber das muss nicht so sein. Zur Veranschaulichung kann man sich einen Kolben vorstellen, der in einen senkrechten Zylinder eingebaut ist. Wie Abb. 3.6 zeigt, gibt es für die Änderung des Volumens (egal ob Kompression oder Expansion) verschiedene Möglichkeiten. Der Vorgang kann

- in einem Schritt
- in einer begrenzten Anzahl von Schritten oder
- kontinuierlich (unendliche Anzahl von Schritten) ablaufen.

Realisieren lässt sich das zum Beispiel dadurch, dass Gewichtsstücke aufgelegt werden, deren Gewichtskraft auf die Kolbenfläche verteilt Druck erzeugen. Dieser lässt sich nun, je nach Anzahl der Gewichtstücke, aus welche die Gesamtmasse verteilt ist, in prinzipiell beliebiger Weise verändern.

Die Änderung des Druckes in einem Schritt ist für den Fall der Kompression in Abb. 3.7 links dargestellt. Im expandierten Zustand beträgt beispielsweise das Volumen 8 L und der Druck 1 bar. Durch Auflegen eines Gewichtsstückes wird der Druck nun direkt auf 8 bar erhöht und ein Volumen von 1 L stellt sich ein. Der Vorgang soll isotherm ablaufen, es gilt also das Gesetz von Boyle und Mariotte:

$$p \cdot V = \text{const.} \Rightarrow p_1 \cdot V_1 = p_2 \cdot V_2 \Rightarrow V_2 = V_1 \cdot \frac{p_1}{p_2} = 8\,\text{L} \cdot \frac{1\,\text{bar}}{8\,\text{bar}} = 1\,\text{L}$$

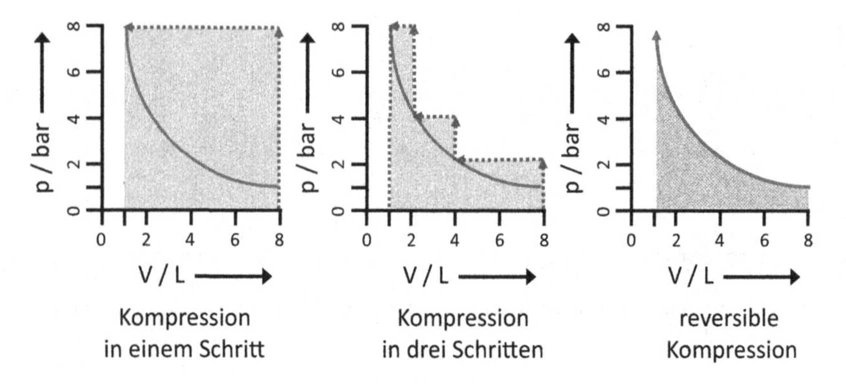

Abb. 3.7 Irreversible (stufenweise) und reversible (kontinuierliche) Kompression

Wie groß ist in diesem Fall die Volumenarbeit? Da sie gegen einen konstanten Außerdruck verrichtet wird[8], beträgt sie:

$$W = -p \cdot \Delta V = -p \cdot (V_E - V_A) = -8\,\text{bar} \cdot (1 - 8)\,\text{L}$$
$$= -8 \cdot 10^5\,\text{Pa} \cdot \left(-7 \cdot 10^{-3}\right)\text{m}^3 = 5600\,\text{J}$$

Diese Arbeit entspricht der markierten Fläche im links gezeigten Diagramm.

Was passiert nun, wenn das Gewichtsstück wieder entfernt wird? Das Gas wird sich wieder ausdehnen, das es ja nun unter einem Druck von 8 bar steht und der Umgebungsdruck schlagartig auf 1 bar verringert wird (vgl. Abb. 3.8).

Auch hier wird die Volumenarbeit also gegen einen konstanten, aber niedrigeren Außendruck verrichtet. Sie beträgt nur noch:

$$W = -p \cdot \Delta V = -p \cdot (V_E - V_A) = -1\,\text{bar} \cdot (8 - 1)\,\text{L}$$
$$= -1 \cdot 10^5\,\text{Pa} \cdot \left(7 \cdot 10^{-3}\right)\text{m}^3 = -700\,\text{J}$$

Der Unterschied zwischen Expansion- und Kompressionsarbeit rührt also daher, dass die Kompression bei (konstantem und) höherem Druck durchgeführt wird als die Expansion.

Kann man diesen Unterschied verringern? Man kann: Zur Kompression muss ja der Außendruck nur minimal größer sein als der Innendruck, bei der Kompression jeweils umgekehrt. Gehen wir zunächst schrittweise vor und teilen

[8] Ursache der Volumenänderung ist ja das Auflegen *eines* Massenstückes.

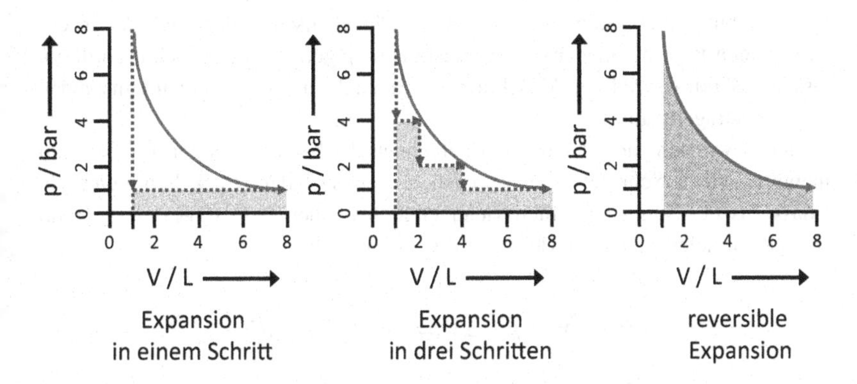

Abb. 3.8 Abb. 1.3 Irreversible (stufenweise) und reversible (kontinuierliche) Expansion

das Gewichtsstück in drei gleich schwere Teile, die der Reihe nach aufgelegt und weggenommen werden. Für die Kompression ergeben sich dann die drei Teil-Volumenarbeiten

$$W_{I,K} = -p_I \cdot \Delta V_I = -2\,\text{bar} \cdot (4-8)\,\text{L} = 800\,\text{J}$$
$$W_{II,K} = -p_{II} \cdot \Delta V_{II} = -4\,\text{bar} \cdot (2-4)\,\text{L} = 800\,\text{J}$$
$$W_{III,K} = -p_{III} \cdot \Delta V_{III} = -8\,\text{bar} \cdot (1-2)\,\text{L} = 800\,\text{J},$$

und als Summe die gesamte Kompressionsarbeit:

$$W = \sum W_i = W_I + W_{II} + W_{III} = (800 + 800 + 800)\,\text{J} = 2400\,\text{J}$$

Das ist doch schon deutlich weniger.... Und wie schaut es mit der Expansionsarbeit aus? Im Prinzip genauso: Die Gewichtsstücke werden schrittweise entfernt, daher ergeben sich drei Volumenarbeiten bei drei verschiedenen Drücken:

$$W_{I,Ex} = -p_I \cdot \Delta V_I = -4\,\text{bar} \cdot (2-1)\,\text{L} = -400\,\text{J}$$
$$W_{II,Ex} = -p_{II} \cdot \Delta V_{II} = -4\,\text{bar} \cdot (4-2)\,\text{L} = -400\,\text{J}$$
$$W_{III,Ex} = -p_{III} \cdot \Delta V_{III} = -4\,\text{bar} \cdot (8-4)\,\text{L} = -400\,\text{J}$$

Die Summe dieser drei Teil-Arbeiten beträgt – 1200 J. Das ist immer noch mehr als die zuvor beim Komprimieren in drei Schritten am System geleistete Arbeit. Das System kann also weniger Arbeit an der Umgebung leisten, als zuvor von der Umgebung am System geleistet wurde. Physikalisch schlägt sich das in der sogenannten Entropie nieder (die weiter hinten eingeführt wird), technisch darin, dass der Wirkungsgrad von Maschinen nie, niemals, unter gar keinen Umständen 100 % betaragen kann.

Gehen wir nun aufs Ganze und berechnen die beiden Arbeiten für den Fall unendlich vieler Schritte. In diesem Fall ändert sich der Druck kontinuierlich, sodass aus der Summe (endlich vieler endlich kleiner Teilbeträge) ein Integral (unendlich vieler unendlich kleiner Teilbeträge) wird:

$$W = \sum_{i=1}^{n} -p_i \cdot \Delta V \Rightarrow W = \int_{i=1}^{n} -p_i dV$$

Da nun unendlich viele Drücke zu berücksichtigen sind, wird die Berechnung etwas unpraktisch. Zum Glück gibt es einen „Plan B“: Das ideale Gasgesetz.

Exkurs: Das ideale Gasgesetz

In einem Geschlossenen System ist, solange keine chemische Reaktion stattfindet, die Zahl der Teilchen konstant. Der Druck im System ist für ein gegebenes Volumen proportional zur Zahl der Teilchen im System (ausgedrückt als Stoffmenge) und der Temperatur des Systems:

$$p \cdot V \sim n \cdot T$$

Um aus dem proportionalen Zusammenhang eine „richtige“ Gleichung zu erhalten, wird die Proportionalitätskonstante R eingeführt:

$$p \cdot V = n \cdot R \cdot T$$

R wird als allgemeine[9] Gaskonstante bezeichnet und hat den Wert[10]:

$$R = 8{,}314\,462\,618 \, \frac{\mathrm{J}}{\mathrm{mol} \cdot \mathrm{K}}$$

Das ideale Gasgesetz gilt für alle Gase, welche in einem geschlossenen System bei konstanter Temperatur und Stoffmenge die Bedingung $p \cdot V =$ const. erfüllen.

Mit dem Ansatz $p \cdot V = n \cdot R \cdot T$ lässt sich das Integral nach Einsetzen und Vorziehen aller konstanten Größen umformulieren zu:

$$W = \int -\frac{n \cdot R \cdot T}{V} dV = -n \cdot R \cdot T \cdot \int \frac{1}{V} dV$$

Da nun der Druck nicht mehr benötigt wird berechnet sich die Kompressions- und Expansionarbeit zu

$$W = -n \cdot R \cdot T \cdot \ln \frac{V_E}{V_A}$$

Die Temperatur, bei welcher das Ganze stattfinden soll, können wir frei wählen, zum Beispiel 0 Grad Celsius bzw. 273,15 K. Die Stoffmenge lässt sich dann einfach ausrechen, da ja Druck und Volumen bekannt sind[11]; sie beträgt in diesem Fall:

$$n = \frac{p \cdot V}{R \cdot T} = \frac{1 \cdot 10^5 \,\mathrm{Pa} \cdot 8 \cdot 10^{-3} \,\mathrm{m}^3}{8{,}314 \,\mathrm{J} \cdot \mathrm{mol}^{-1} \cdot \mathrm{K}^{-1} \cdot 273{,}15 \,\mathrm{K}} = 0{,}3522 \,\mathrm{mol}$$

Also folgt

$$W_{Komp} = -0{,}3522 \,\mathrm{mol} \cdot 8{,}314 \,\frac{\mathrm{J}}{\mathrm{mol} \cdot \mathrm{K}} \cdot 273{,}15 \,\mathrm{K} \cdot \ln \frac{1 \,\mathrm{L}}{8 \,\mathrm{L}} = 1633 \,\mathrm{J}$$

für die Kompressionsarbeit und

$$W_{Exp} = -0{,}3522 \,\mathrm{mol} \cdot 8{,}314 \,\frac{\mathrm{J}}{\mathrm{mol} \cdot \mathrm{K}} \cdot 273{,}15 \,\mathrm{K} \cdot \ln \frac{8 \,\mathrm{L}}{1 \,\mathrm{L}} = -1633 \,\mathrm{J}$$

für die Expansionarbeit. In diesem (und nur in diesem) Fall sind beide Arbeiten betragsmäßig gleich, am System wird beim Komprimieren exakt die gleiche Arbeitsmenge verrichtet wie das System beim Expandieren an der Umgebung verrichtet. Ein solche Prozessführung wird als reversibel und die dabei verrichtete Arbeit als reversible Volumenarbeit bezeichnet. Man kann sich leicht vorstellen, dass es praktisch unmöglich ist, so einen Prozess zu realisieren: Unendlich viele, unendlich kleine Schritte – wie soll das funktionieren? Es hat nicht an Ideen und

[9] Je nach Quelle auch als ideale, universelle oder molare Gaskonstante bezeichnet.

[10] 2018 CODATA recommended value.

[11] Ob Anfangsdruck und -volumen oder Enddruck und -volumen eingesetzt werden ist egal, da ja $p \cdot V = \mathrm{const.}$

Tab. 3.1 Kompressions- und Expansionsarbeit in Abhängigkeit von der Prozessführung

	Ein Schritt	Drei Schritte	∞ viele Schritte
Kompressionsarbeit in J	5600	2400	1633
Expansionsarbeit in J	−800	−1200	−1633
$W_{Kompression} / W_{Expansion}$	7	2	1

Versuchen gefehlt, gescheitert sind sie aber alle. Und falls Ihnen eine neue Idee kommt, die Sie womöglich zum Patent anmelden wollen: Vermeiden Sie das Wort perpetuum mobile, sonst wandert der Antrag direkt in den Mülleimer (Tab. 3.1)…

In der Tabelle sind die Ergebnisse der oben durchführten Rechnungen zusammengefasst. Auch wenn ein reversibler Prozess technisch nicht möglich ist zeigt sich doch klar, dass bereits eine geringe Erhöhung der Teilschritte die benötigte Arbeit schnell verringert und die geleistete Arbeit schnell erhöht. Das Verhältnis der Arbeiten wird schnell kleiner und erreicht in Idealfall reversibler Prozessführung den Wert 1.

3.4 Energie und Wärme

Volumenarbeit ist eine mechanische Arbeit. Zur Erinnerung: Wir sind immer noch beim Ersten Hauptsatz der Thermodynamik,

$$\Delta U = \Delta Q + \Delta W$$

und haben uns bisher mit ΔW beschäftigt. Kommen wir nun zum Beitrag der Wärme an der inneren Energie. Wärme kann in verschieden Formen eine Rolle spielen:

- Elektrisch, wenn zum Beispiel durch einen Heizdraht erwärmt wird
- Mechanisch, wenn ein Gas (wie gerade beschrieben) durch Kompression erwärmt wird
- Als Mischungswärme, wenn zum Beispiel die bei Kompression zu erwartende Temperaturänderung durch Austauch der Wärme über die Systemgrenzen hinweg wieder abgeführt werden soll
- Chemisch, wenn im Inneren des Systems eine Verbrennung stattfindet.

Dabei kann dann ein Gas gebildet werden, das zusätzlich Volumenarbeit leisten kann. Vor allem das letzte Beispiel ist in der Chemie von besonderem Interesse,sodass wir uns später damit noch separat befassen werden. Zunächst einmal soll es im nächsten Kapitel um den Zusammenhang zwischen Wärme(energie) und Temperatur gehen.

3.5 Spezifische und molare Wärmekapazität

Um die Temperatur eines Körpers zu ändern, muss Wärmenergie zugeführt oder abgeführt werden. Diese Wärmenge ist proportional zur Masse des Körpers und der Temperaturänderung:

$$Q \sim m \cdot \Delta T$$

Wie schon weiter vorne wird ein Proportionalitätsfaktor eingeführt und man erhält:

$$\Delta Q = m \cdot c \cdot \Delta T$$

Der Faktor wird als spezifische (= massenbezogene) Wärmekapazität bezeichnet, die Formel selbst oft als Grundgleichung der Wärmelehre, da sie den formalen Zusammenhang zwischen Temperatur und Wärmeenergie liefert. Die spezifische Wärmekapazität gibt an, welche Wärmemenge nötig ist, um die Temperatur von 1 kg eines Stoffes um 1 K zu ändern. Abb. 3.9 zeigt halbqualitativ den Zusammenhang zwischen zugeführter Wärmenergie und der Temperatur eines Körpers. Dabei fällt sofort auf, dass in manchen Bereichen die Temperatur proportional zur zugeführten Wärmenenge steigt, in zwei Bereichen aber nicht. Die Erklärung ist einfach: Wird einem Feststoffwärmenergie zugeführt erhöht sich dessen Temperatur bis zum Schmelzpunkt. Während des Schmelzens wird die zugeführte Energie zur Änderung des Aggregatzustandes benötigt, daher steigt die Temperatur nicht. Das ist übrigens eine ziemlich direkte Folge des Nullten Hauptsatzes der Thermodynamik: Steigt in einem kleinen Bereich die Temperatur des bereits verflüssigten Stoffs an, baut sich ein Temperaturunterschied auf. Gemäß des Ersten Hauptsatzes ist das System dann nicht mehr im thermischen Gleichgewicht und es strömt Wärme zum kälteren Bereich, in dem noch Feststoff vorhanden ist. Das funktioniert in der Praxis natürlich nur, wenn genügend Zeit zum Temperaturausgleich zur Verfügung steht. Um den Ausgleichvorgang zu beschleunigen gibt es zudem weitere Möglichkeiten, beispielsweise mechanisches Rühren.

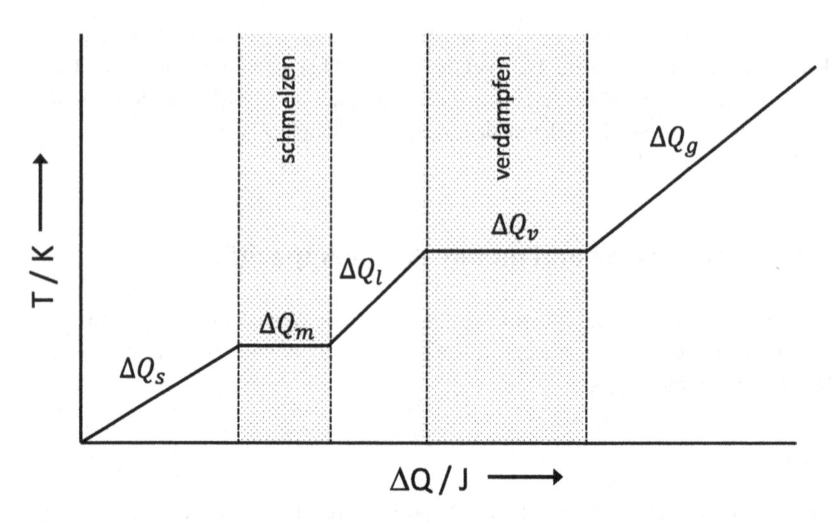

Abb. 3.9 Halbquantitativer Zusammenhang zwischen Temperatur und zugeführter Wärmemenge

Eine zun Glück formale Schwierigkeit bleibt: Wenn sich die Temperatur nicht ändert, wäre gemäß

$$\Delta Q = m \cdot c \cdot \Delta T$$

die Energieänderung beim Schmelzen und Sieden Null, was natürlich weder Sinn macht noch mit irgendeinem Experiment oder der Erfahrung übereinstimmt. Daher wird die Gleichung durch Einführung der sogenannten spezifischen Schmelz- und Verdampfungswärmen[12] etwas modifiziert und man erhält:

$$Q_{schmelz} = m \cdot q_{schmelz} \text{ bzw. } Q_{siede} = m \cdot q_{siede}$$

Die Werte sind empirisch bestimmt und für viele Stoffe tabelliert.

Beispiel: Wie viel Wärmeenergie wird benötigt, um aus 2 kg Eis von −20 °C Dampf von 110 °C zu erzeugen?

[12] Oft werden auch die Größenzeichen q und r verwendet.

$$\Delta Q_{Eis} = 2\,\text{kg} \cdot 2{,}1\,\frac{\text{kJ}}{\text{kg} \cdot \text{K}} \cdot (0 - (-20))\,\text{K} = 84\,\text{kJ}$$

$$\Delta Q_{schmelz} = 2\,\text{kg} \cdot 334{,}94\,\text{kJ/kg} = 669{,}88\,\text{kJ}$$

$$\Delta Q_{Wasser} = 2\,\text{kg} \cdot 4{,}19\,\frac{\text{kJ}}{\text{kg} \cdot \text{K}} \cdot (100 - 0)\,\text{K} = 838\,\text{kJ}$$

$$\Delta Q_{Siede} = 2\,\text{kg} \cdot 2256{,}7\,\text{kJ/kg} = 4531{,}4\,\text{kJ}$$

$$\Delta Q_{Dampf} = 2\,\text{kg} \cdot 2{,}0\,\frac{\text{kJ}}{\text{kg} \cdot \text{K}} \cdot (110 - 100)\,\text{K} = 40\,\text{kJ}$$

$$\Delta Q_{gesamt} = (84 + 669{,}88 + 838 + 4531{,}4 + 40)\,\text{kJ} \approx 6163\,\text{kJ}$$

Beim Kondensieren (bzw. Erstarren) wird die Verdampfungswärme (bzw. Schmelzwärme) wieder frei und an die Umgebung abgegeben. Das Beispiel oben mag also nicht besonders realistisch sein (wer erzeugt schon Wasserdampf aus Eis), zeigt aber schön, weshalb Wasser als Energieträger ziemlich beliebt ist: Es nicht brennbar, enthält jede Menge Energie, und gibt diese vor allem beim Kondensieren in großer Menge ab. „Groß" vor allem im Vergleich zu anderen Heizmedien, deren Wärmekapazitäten deutlich geringer sind.

In vielen Tabellenwerken sind übrigens oft die molaren und nicht die spezifischen Wärmekapazitäten aufgeführt. Chemiker rechnen zwar lieber mit Stoffmengen, wenn es ums Heizen oder Kühlen geht sind jedoch Massen oft praktikabler (da einfacher anzumessen). Die Umrechnung ist ziemlich einfach und erfolgt über die Molare Masse. Die beiden Grundgleichungen lauten in der molaren bzw. in der spezifischen Schreibweise:

$$c = \frac{Q}{m \cdot \Delta T} \text{ bzw. } c_m = \frac{Q}{n \cdot \Delta T}$$

Die Masse und die Molare Masse sind über die Stoffmenge miteinander verbunden:

$$M = \frac{m}{n}$$

Bildet man das Verhältnis der beiden Wärmekapazitäten, und kürzt, was zu kürzen, ist erhält man als Umrechnungsfaktor die molare Masse, die entweder tabelliert oder mithilfe des Periodensystems er Elemente schnell berechnet ist:

$$\frac{c}{c_m} = \frac{Q \cdot n \cdot \Delta T}{m \cdot \Delta T \cdot Q} = \frac{n}{m} = \frac{1}{M} \Rightarrow c \cdot M = c_m$$

Beispiel: Wie groß ist die molare Wärmekapazität von Wasser wenn dessen spezifische Wärmekapazität $c = 4{,}19$ kJ/(kg · K) beträgt?

$$c_m = c \cdot M = 4{,}19 \, \frac{\mathrm{J}}{\mathrm{g} \cdot \mathrm{K}} \cdot 18{,}02 \, \frac{\mathrm{g}}{\mathrm{mol}} = 75{,}5 \, \frac{\mathrm{J}}{\mathrm{mol} \cdot \mathrm{K}}$$

3.6 Wärmekapazitäten von Gasen

Die (spezifische bzw. molare) Wärmekapazität scheint nach dem bisher gesagten nur vom Stoff abzuhängen. Bei Feststoffen und Flüssigkeiten ist das auch einigermaßen zutreffend, bei Gasen aber nicht. Dazu folgende Überlegung: Wir sind immer noch beim ersten Hauptsatz. Das bedeutet, wenn die innerer Energie eines angeschlossenen Systems geändert wird, erwärmt sich das Gas. Je nach Beschaffenheit der Systemgrenzen kann es sich nun entweder nur erwärmen oder zusätzlich ausdehnen. Konkret sind also folgende Fälle zu unterscheiden:

- Das Gas wird isobar erwärmt. Dabei dehnt sich das Gas aus, was wiederum Volumenarbeit erfordert.
- Das Gas wird isochor erwärmt. Dabei dehnt sich das Gas nicht aus, es wird also also auch keine Volumenarbeit geleistet.

Die direkte Konsequenz daraus ist: Um ein Gas isochor von T_1 auf T_2 zu erwärmen ist weniger Energie notwendig als bei der isobaren Erwärmung von T_1 auf T_2, denn die iso*chore* Erwärmung erfordert nur Energie zum Erhöhen der kinetischen Energie der Gasteilchen, während bei iso*barer* Erwärmung zusätzlich noch Volumenarbeit (also Arbeit gegen einen äußeren Druck) geleistet werden muss.

Die Grundgleichung der Wärmelehre muss also (mal wieder…) angepasst werden, dieses Mal aber mehr auf symbolische Art. Dem Ansatz

$$\Delta Q = m \cdot c \cdot \Delta T$$

wird lediglich der Index „V" (für $V = \text{const.}$) angefügt und wir erhalten

$$\Delta Q_V = m \cdot c_V \cdot \Delta T$$

für den Fall der isochoren Änderung der Wärmemenge. Als Wärmekapazität ist hier spezifische Wärmekapazität bei konstantem Volumen einzusetzen. Für den isobaren Fall (Index p für $p =$ const.) erhalten wir analog

$$\Delta Q_p = \Delta H = m \cdot c_p \cdot \Delta T$$

mit der spezifischen Wärmekapazität bei konstantem Druck c_p. Die beim isobaren Prozess geleistete Wärmemenge ΔQ_p wird als Enthalpieänderung ΔH bezeichnet, d. h.

$$\Delta Q_p > \Delta Q_V$$

bzw.

$$\Delta H > \Delta Q_V$$

Prinzipiell ist es übrigens nicht falsch, von der „Wärmemenge bei konstantem Druck" zu sprechen, aber der Begriff „Enthalpie" ist sehr viel üblicher. Das Wort stammt, wie so oft in den Naturwissenschaften, aus dem Griechischen und bedeutet soviel wie ἐν (en) „in" und θάλπειν (thálpein) „erwärmen".

Da sich der isochore und der isobare Vorgang nur durch die (nicht) zu leistende Volumenarbeit unterscheiden, ist natürlich der Zusammenhang zwischen der Enthalpie und der isochoren Wärmemänge ähnlich zu interpretieren. Das bedeutet, dass bei gleicher Temperaturänderung ΔH größer ist als ΔQ_V, weil zusätzlich Volumenarbeit geleistet wird:

$$\Delta H = \Delta Q_V + p \cdot \Delta V$$

Mit dem schon weiter vorne eingeführten idealen Gasgesetz

$$p \cdot V = n \cdot R \cdot T$$

folgt der Zusammenhang

$$\Delta H = \Delta Q_V + n \cdot R \cdot \Delta T$$

Wie selbstverständlich steht das „Delta" nun an der Temperatur: Das Volumen erscheint nicht mehr in der Gleichung und die Temperatur hängt ja schließlich direkt mit der Wärme zusammen.

Übersicht

Beispiel: 500 g Sauerstoff sollen von 20 °C auf 80 °C erwärmt werden. Welche Wärmenge wird bei isobarer, welche Wärmemenge wird bei isochorer Erwärmung benötigt? Die molaren Wärmekapazitäten betragen 29,7 J/(mol · K) bzw. 21,4 J/(mol · K).

Da die Wärmekapazität als molare Größe angegeben ist, wird zunächst die Masse des Sauerstoffs in die Stoffmenge umgerechnet:

$$n(O_2) = \frac{m(O_2)}{M(O_2)} = \frac{500\,\text{g}}{32{,}00\,\text{g} \cdot \text{mol}^{-1}} = 15{,}625\,\text{mol}$$

Der isobare Prozess benötigt aufgrund der Volumenarbeit mehr Energie, also ist

$$\Delta Q_p = \Delta H = n \cdot c_{p,m} \cdot \Delta T = 15{,}625\,\text{mol} \cdot 29{,}7\,\frac{\text{J}}{\text{mol}} \cdot (80-20)\,\text{K} = 27{,}8\,\text{kJ}$$

Der isochore Prozess benötigt nur

$$\Delta Q_V = n \cdot c_{V,m} \cdot \Delta T = 15{,}625\,\text{mol} \cdot 21{,}4\,\frac{\text{J}}{\text{mol}} \cdot (80-20)\,\text{K} = 20{,}1\,\text{kJ}$$

Möglicherweise ist es aufgefallen: Der Unterschied zwischen beiden Größen ist tatsächlich

$$\Delta H = \Delta Q_V + n \cdot R \cdot \Delta T$$

Bei Kenntnis des isobaren Wärmenge lässt sich auf die isochore Wärmemenge schließen und umgekehrt. Die beiden molaren Wärmekapazitäten hängen also über die Gaskonstante zusammen:

$$c_{p,m} = \frac{\Delta H}{n \cdot \Delta T} = \frac{\Delta Q_V + n \cdot R \cdot \Delta T}{n \cdot \Delta T} = \frac{\Delta Q_V}{n \cdot \Delta T} + \frac{n \cdot R \cdot \Delta T}{n \cdot \Delta T} = c_{V,m} + R$$

$$\Rightarrow c_{p,m} = c_{V,m} + R$$

Die Gaskonstante als molare Größe wird vor allem in der Chemie verwendet, für die spezifische Gaskonstante („pro Masse") gilt natürlich analog:

$$\Rightarrow c_p = c_V + R$$

An dieser Stelle ein kleiner Hinweis: Ob mit „R" die spezifische oder die molare Größe gemeint ist, ergibt sich aus dem Zusammenhang, da oft der Index „m" für molar oder „sp" für spezifisch nicht angegeben ist. Spätestens der Blick auf die Einheit verschafft aber Klarheit.

3.7 Gaskonstante, Wärmekapazität und Freiheitsgrade von Gasen

Im letzten Kapitel wurde es schon angedeutet: Die Wärmekapazitäten von Gasen, Flüssigkeiten und Feststoffen sind nur einigermaßen konstant. Die folgende Tabelle enthält exemplarisch einige Daten für Wasser (Tab. 3.2):

Der Unterschied zwischen dem kleinsten und dem größten Wert beträgt für Wasser gerade mal etwa 1 %. Das ist mehr als nichts, aber auch nicht so dramatisch, dass esfür dieses essential relevant wäre und soll daher nicht näher beleuchtet werden. Sehr viel relevanter sieht es dagegen bei Gasen aus. Die Tabellen zeigt für einige Gase die molaren Wärmekapazitäten bei konstantem Volumen (Tab. 3.3).

Die Aufteilung in Moleküle bzw. Atome verschiedener Geometrie zeigt deutlich die Abhängigkeit der Wärmekapazität von der Form: Je komplexer ein Teilchen aufgebaut ist, desto höher wird seine Wärmekapazität. Alternativ formuliert: Die zum Erwärmen benötigte Energiemenge steigt mit der Komplexität des Moleküls. Kann man das erklären?

Abb. 3.10 zeigt die sogenannten Freiheitsgrade für die Translation und die Rotation von Gasteilchen. Mit Freiheitsgraden sind die Bewegungsmöglichkeiten gemeint, über die ein Gasteilchen verfügt. Eine Bewegung in die drei

Tab. 3.2 Isobare Wärmekapazität in Abhängigkeit von der Temperatur

ϑ / °C	0	10	20	30	40
c_p / kJ · kg^{-1} · K^{-1}	4,228	4,188	4,183	4,183	4,183
ϑ / °C	50	60	70	80	90
c_p / kJ · kg^{-1} · K^{-1}	4,181	4,183	4,187	4,194	4,204

Tab. 3.3 Isochore, molare Wärmekapazitäten verschiedener Gase bei 0 °C

Geometrie	Beispiel	$c_{V,m}$ / J·mol^{-1}·K^{-1}
Einatomig	He	12,5
	Ar	12,5
lineare Moleküle	O_2	20,9
	CO	20,9
	CO_2	27,6
gewinkelte Moleküle	NH_3	26,7
	SO_2	30,6

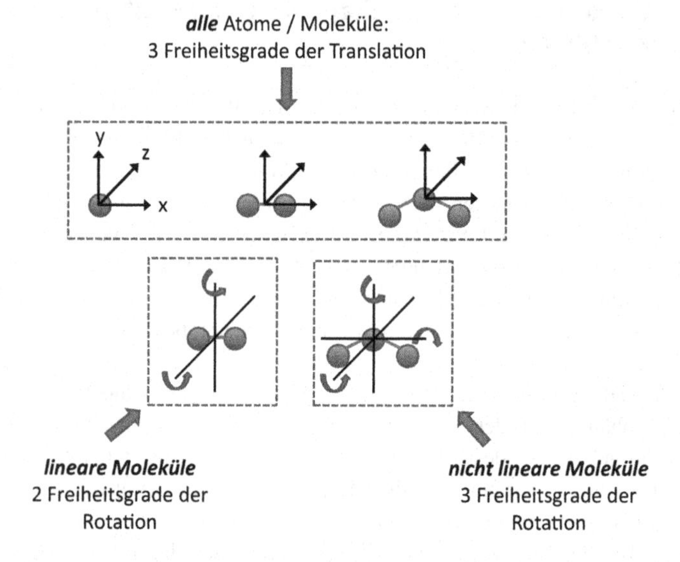

Abb. 3.10 Freiheitsgrade der Translation und der Rotation von Gasteilchen

Raumrichtungen ist immer möglich, daher verfügt jedes Gasteilchen über drei Freiheitsgrade der Translation. Edelgase sind am einfachsten aufgebaut, besitzen gemäß obiger Tabelle die kleinsten Wärmekapazitäten und verfügen nur über diese drei Freiheitsgrade. Die Wärmekapazitäten stehen mit der idealen Gaskonstante in einem ziemlich einfachen Verhältnis, es gilt:

$$c_{v,m,einatomig} = \frac{3}{2} R = \frac{3}{2} \cdot 8{,}314 \frac{\mathrm{J}}{\mathrm{mol \cdot K}} = 12{,}5 \frac{\mathrm{J}}{\mathrm{mol \cdot K}}$$

Dieser Wert lässt sich gleichmäßig auf die drei Raumrichtungen verteilen[13], sodass auf jeden der drei Translationsfreiheitsgrade

$$f = \frac{1}{2} R = 4{,}157 \frac{\mathrm{J}}{\mathrm{mol \cdot K}}$$

entfallen. Wenn das nicht nur ein mathematischer Taschenspielertrick war, sondern auch eine reale physikalische Bedeutung hat, sollte es auch für kompliziertere Teilchen funktionieren. Versuchen wird das gleich mal: Sauerstoff und Kohlenstoffmonooxid sind zweiatomige, lineare Moleküle. Neben den drei Translationsrichtungen können sie auch um zwei Achsen rotieren, wie die Abbildung oben zeigt. Zu den drei Freiheitsgraden der Translation kommen also noch zwei Freiheitsgrade der Rotation:

$$f_{ges} = f_{trans} + f_{rot} = 3 + 2 = 5$$

Mit ½ R pro Freiheitsgrad ergibt sich für ein zweiatomiges, lineares Molekül:

$$c_{v,m,zweiatomig} = \frac{f_{ges}}{2} R = \frac{5}{2} R = 20{,}8 \frac{\mathrm{J}}{\mathrm{mol \cdot K}}$$

Das stimmt doch ganz gut mit den (experimentell ermittelten) Werte aus der Tabelle überein. Kohlenstoffdioxid ist zwar auch linear, aber nicht zweiatomig. Hier scheint die Rechnung nicht mehr so einfach aufzugehen, mehr dazu gleich. Zunächst bringen wir das Ganze zu Ende und schauen uns noch die gewinkelten Moleküle an. Die gleiche Überlegung wie oben liefert drei Freiheitsgrade der Rotation und drei für die Translation, was eine Wärmekapazität von

$$c_{v,m,dreiatomig} = \frac{f_{ges}}{2} R = \frac{6}{2} R = 24{,}9 \frac{\mathrm{J}}{\mathrm{mol \cdot K}}$$

Auch das ist nicht grob falsch, aber auch nicht ganz richtig. Zwei Dinge fallen auf: Die Abweichung ist positiv und umso größer, je komplexer die Moleküle aufgebaut sind. Da ein hoher Wert der Wärmekapazität bedeutet, dass zugeführte Energie für „irgendetwas" anderes benötig wird drängt sich die Vermutung auf, dass wir evtl. etwas übersehen haben. Deutlicher zeigt das ein Blick auf die Temperaturabhängigkeit der Wärmekapazität in Abb. 3.11.

---

[13] Das wird auch als Äquipartitionstheorem oder Gleichverteilungssatz bezeichnet. Es besagt, dass im thermischen Gleichgewicht bei der Temperatur im Mittel jeder Freiheitsgrad die gleiche Energie besitzt.

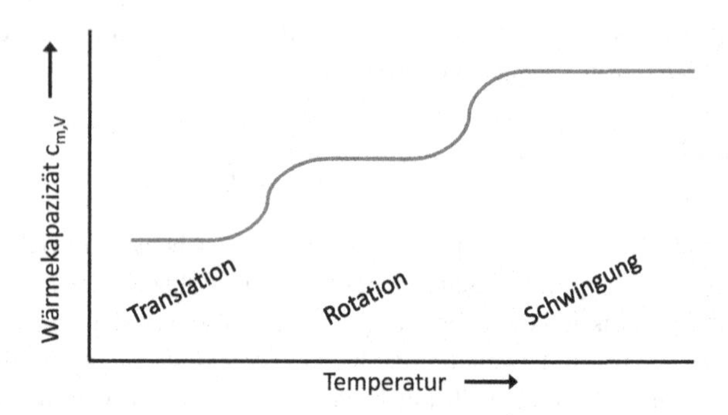

Abb. 3.11 Temperaturabhägigkeit der molaren Wärmekapazität von Gasen

Hier wird deutlich, was bisher übersehen wurde: Die Wärmekapazität steigt mit der Temperatur, weil neben Freiheitsgraden der Translation und der Rotation auch solche der Schwingung auftreten können. Die Wärmekapazität und damit die Anregung der Freiheitsgrade erfolgt offensichtlich im Sprüngen: Diejenigen der Translation sind immer angeregt, sonst wäre das Gas kein Gas. Bei höherer Temperatur ist zusätzlich die Rotation angeregt, zugeführte Energie wird dann in Freiheitsgraden der Translation und der Rotation gespeichert. Erst bei noch höheren Temperaturen sind alle Freiheitsgrade, auch die der Schwingung angeregt. Bei Raumtemperatur ist das jedoch meist nicht der Fall.

„Meist" ist hier das Schlüsselwort, denn manchmal sind sie es dann eben doch, wie beim Kohlenstoffdioxid (Abb. 3.12) zu sehen. In diesem konkreten Fall tragen die aktiven Schwingungsfreiheitsgrade ungefähr 8 $J \cdot mol^{-1} \cdot K^{-1}$ bei, was etwa zwei angeregten Freiheitsgraden entspricht: Hier sind es die beiden Deformationsschwingungen, bei denen sich der Bindungswinkel des Moleküls ändert.

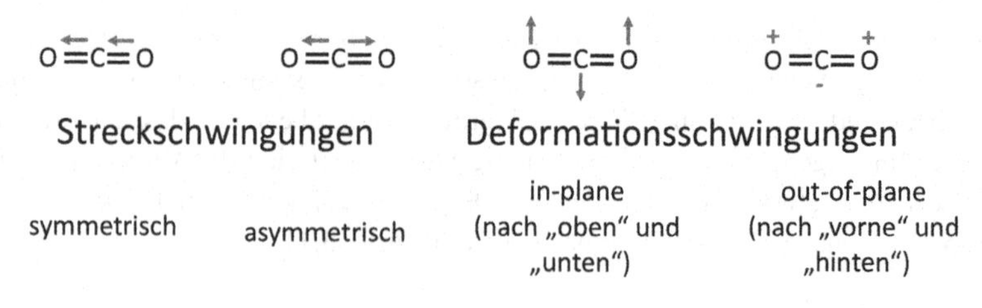

Abb. 3.12 Normalschwingungen des Kohlenstoffdioxids

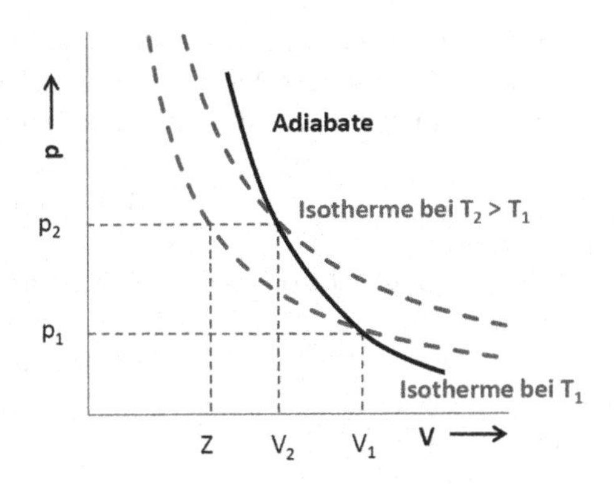

Abb. 3.13 Adiabatische und isotherme Zustandsänderungen

Die ebenfalls möglichen Steckschwingungen (bei denen sich die Bindungslängen ändern) sind bei „normalen" Temperaturen nicht angeregt.

Bei noch komplexeren Molekülen wie Ethan oder Propan können eine Vielzahl von weiteren Schwingungen auftreten, sodass die Berechnung bei Nichtbeachtung der Schwingungsfreiheitsgrade zunehmend zu größeren Abweichungen führt. Hier sollte man sich nochmal bewusst machen, dass die Berechnung der Wärmekapazität vom idealen Gas[14] ausgeht und Kohlenstoffdioxid, Propan etc. keine idealen Gase sind – nicht von ungefähr lassen sich diese bereits bei vergleichsweise moderaten Drücken verflüssigen.

3.8 Adiabatische Kompression und Expansion

Haben Sie es bemerkt? Im Kapitel über Volumenarbeit ging es um isotherme Vorgänge, also reversible und irreversible Volumenarbeit im *geschlossenen* System. Nur das ermöglicht es, die Temperatur konstant zu halten. Kompressionswärme muss abgeführt, Expansionskälte ersetzt werden. Was aber wenn wir ein *ab*geschlossenes System betrachten, die Systemgrenzen also auch für Wärme *undurchlässig* sind? Dann bewirkt die Kompression eine Temperaturerhöhung und die Expansion ein Abkühlen des Systems. Wie sich das auf dem Druck auswirkt, zeigt die folgende Abb. 3.13.

Die Druckerhöhung bei adiabatischer Kompression fällt stärker aus als bei der isothermen Kompression. Analoges gilt umgekehrt bei der Expansion. In der

[14] Die Modellvorstellung des idealen Gases geht von Punkförmigen Teilchen aus, die sich weder anziehen noch abstoßen.

Abbildung zeigt sich das an der größeren Steigung der Adiabaten im Vergleich zu Isothermen. Diese größere Steigung drückt sich in dem als Adiabatenkoeffizienten bezeichneten Exponenten aus, sodass aus dem isothermen Zusammenhang

$$p \cdot V = \text{const.}$$

der entsprechende adiabatische Zusammenhang

$$p \cdot V^{\chi} = \text{const.}$$

wird.

Molekülgeometrie	κ bei 20 °C	Beispiel
Einatomig	1,67	He, Ar
Lineare Moleküle	1,40	H_2, N_2, CO, CO_2
Gewinkelte Moleküle	1,33	H_2S, H_2O

Auch die adiabatische Volumenarbeit ist von dem Weg abhängig, der bei Kompression oder Expansion beschritten wird, sie kann daher ebenso wie der isotherme Vorgang reversibel oder irreversibel gestaltet werden. Relevant für ihren Betrag sind Anfangs- und Endvolumen sowie der Druck, gegen den die Volumenarbeit zu leisten ist, und es gelten prinzipiell die gleichen Zusammenhänge wie bereist weiter vorne erläutert.

Daher soll hier nur der Wert des Adiabatenkoeffizient besprochen werden. Die Werte zeigen eine auffällige Abhängigkeit vom Molekülbau, wie er auch gerade schon für die Wärmekapazität festegestellt wurde. Während der Adiabatenkoeffizient mit der Komplexität der Gasteilchen sinkt, gilt für die Wärmekapazität gerade das Umgekehrte. Zufall? Sicherlich nicht, und die Erklärung ist auch ziemlich einleuchtend: Wenn an Gasen durch Kompression Volumenarbeit geleistet wird, erhöht sich deren kinetische Energie. Bei einatomigen Gase kann das nur die kinetische Energie der Translation sein, sodass deren Temperaturerhöhung „groß“ ausfällt und damit ist auch der Adiabatenkoeffizient „groß“. Umgekehrt ist für eine bestimmte Temperaturerhöhung „wenig“ Energie nötig, daher ist bei einatomigen Gasen die Wärmekapazität „klein“. Bei zweiatomigen Gasen kann die kinetischen Energie auch in der Rotation gespeichert sein, sodass die Temperaturerhöhung kleiner als bei den einatomigen Gasen ausfällt und damit auch der Adiabatenkoeffizient kleiner ist; umgekehrt ist die die für eine bestimmte Temperaturerhöhung benötigte Energie größer als bei einatomigen Gasen, sodass deren Wärmekapazität größer ist.

In der Tat ist der Adiabatenkoeffizient nichts anderes als das Verhältnis von isobarer zu isochorer Wärmekapazität:

$$\kappa = \frac{c_{p,m}}{c_{V,m}}$$

Da nun die Ursache des höheren Druckes im Fall der Adiabatischen Kompression gefunden ist, stellt sich die Frage: Wie groß ist denn die dafür verantwortliche Temperaturänderung? Hierzu ist etwas Rechenarbeit notwendig. Weiter oben wurde schon gesagt, dass für den adiabatischen Fall der Zusammenhang

$$p \cdot V^{\chi} = \text{const.}$$

gilt. Nun folgen einige Annahmen, um die Rechnung nicht unnötig zu erschweren. Zunächst wird mithilfe des idealen Gasgesetzes (dessen Gültigkeit ist die erste Annahme)

$$p \cdot V = n \cdot R \cdot T$$

bzw.

$$p = \frac{n \cdot R \cdot T}{V}$$

der Druck substituiert. Für den Anfangs- und Endzustand gilt dann:

$$n_E \cdot R \cdot \frac{T_E}{V_E} \cdot V_E^{\kappa} = n_A \cdot R \cdot \frac{T_A}{V_A} \cdot V_A^{\kappa}$$

Wenn sich die Stoffmenge bei dem Vorgang nicht ändert (die zweite Annahme), lässt sich bis auf die Temperaturen und die Volumina alles kürzen und es verbleibt:

$$\frac{T_E}{V_E} \cdot V_E^{\kappa} = \frac{T_A}{V_A} \cdot V_A^{\kappa}$$

Noch ein letzter Schritt und wir haben für die Temperatur nach dem Komprimieren bzw. Expandieren den Ansatz:

$$T_E = T_A \cdot \frac{V_A^{\kappa-1}}{V_E^{\kappa-1}} = T_A \cdot \left(\frac{V_A}{V_E}\right)^{\kappa-1}$$

Eventuell stellt sich noch die Frage: Wie soll denn eine adiabatische Kompression oder Expansion in der Praxis ablaufen? Beim Komprimieren entsteht doch Wärme, die an die Umgebung abgeben wird, wie man leicht mit einer Fahrradpumpe zeigen kann. Das ist völlig richtig und liefert auch die Antwort nach der Frage der Realisierung: Nach der Kompression dauert es ein wenig, bis sich die Temperaturerhöhung bemerkbar macht. Misst man sofort die Temperatur der komprimierten Luft, so zeigt sich, dass die eben hergeleitete Formel (ziemlich) exakte Werte liefert, sofern sich das Gas ideal verhält. Anders formuliert: Schnell ablaufende Prozesse sind (ziemlich) adiabatisch. Technisch sind wir damit bei Automotoren, Kompressoren und so weiter. Und verlassen damit leider schon wieder die engen Grenzen dieses essentials…

3.9 Reaktionsenergie und Reaktionsenthalpie

Die Reaktionsenergie und die Reaktionsenthalpie werden manchmal auch vereinfacht als Reaktionswärmen bezeichnet[15].

Weiter vorne wurde bereits (eher nebenbei) der Begriff der Enthalpie, also der Wärmeänderung bei konstantem Druck, eingeführt.

$$\Delta Q_p = \Delta H = m \cdot c_p \cdot \Delta T$$

Formuliert man den ersten Hauptsatz ein wenig um, ergibt sich für isobare Vorgänge

$$\Delta U = \Delta H - p \cdot \Delta V$$

bzw.

$$\Delta U = \Delta H - n \cdot R \cdot \Delta T$$

Ändert sich die Temperatur nicht, ist der zweite Term Null und die Änderung der inneren Energie ist gleich der Änderung des Enthalpie. Und wenn sich statt der Temperatur die Stoffmenge ändert? Dann gilt einfach

$$\Delta U_R = \Delta H_R - \Delta n \cdot R \cdot T$$

[15] Gelegentlich finden sich auch der Begriffe Wärmetönung. Dieser ist zwar nicht grob falsch, aber leider nicht eindeutig und sollte daher vermieden werden.

Zu dieser Formel ein paar Bemerkungen: Natürlich kann sich zusätzlich auch die Temperatur ändern. Dann muss der entsprechende Term ergänzt werden. Meist führt man Reaktionen aber bei konstanter Temperatur durch und kann sich das sparen. Weiterhin muss beachtet werden, welche Stoffmengen relevant sind: Es handelt sich ja um die Volumenarbeit, also geht es nur um die Änderung der Stoffmenge der gasförmigen Reaktionspartner. Der neue Index *R* steht einfach für „Reaktion" und damit sind eigentlich auch schon die Begriffe in der Kapitelüberschrift geklärt:

- ΔU_R ist die Reaktions*energie* und
- ΔH_R ist die Reaktions*enthalpie*

Je nach Reaktionsführung liefert die Messung der die Reaktion begleitenden Wärmemengen (daher auch der Begriff Wärme*tönung*) also eine der beiden Größen. Relevant für die Einteilung in exotherme und endotherme Reaktionen ist aber nur die Reaktions*enthalpie,* wie die Abb. 3.14 veranschaulicht.

Ein mit der Reaktionsenergie beschriftetes Diagramm würde fast genauso aussehen, das *H* wird einfach gegen das *U* vertauscht. „Fast genauso" betrifft natürlich nicht nur den Buchstaben, es existiert auch ein physikalischer Unterschied zwischen beiden Größe in Form der Volumenarbeit. Schauen wir uns diese beiden wichtigen Fälle etwas näher an.

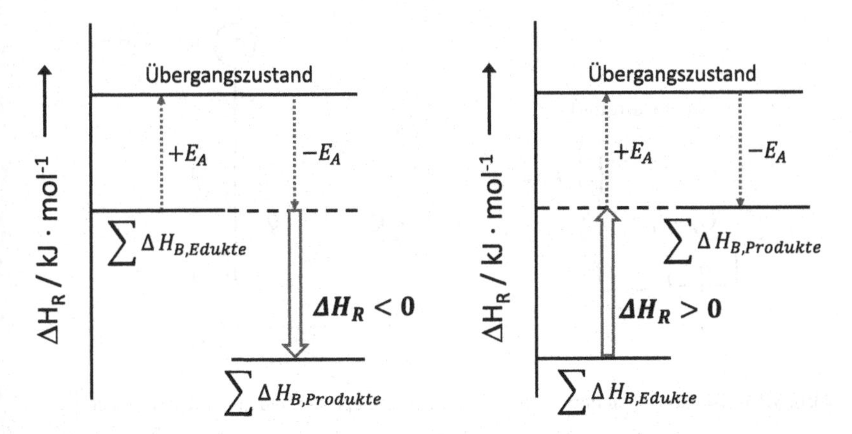

Abb. 3.14 Reaktionsenthalpie als Differenz zwischen der Summe der Bildungsenthalpien der Produkte und der Summe der Bildungsenthalpien der Edukte

3.10 Reaktionsenergie

Von Reaktionsenergie wird gesprochen, wenn die Reaktion bei konstantem Volumen durchgeführt wird. Der weiter vorne erwähnte Modellversuch findet plötzlich den Weg in die Realität.

Die Isochore Reaktionsführung lässt sich (vgl. Abb. 3.15), experimentell sehr einfach realisieren: Wichtig ist nur, dass das System geschlossen ist (um den Stoffaustausch mit der Umgebung zu verhindern) und die Systemgrenzen fest sind (um Volumenarbeit zu verhindern). Aus der allgemeinen Formulierung des ersten Hauptsatzes

$$\Delta U = \Delta Q + \Delta W$$

wird, da ja keine mechanische Arbeit (Volumenarbeit) geleistet wird, einfach

$$\Delta U_R = \Delta Q_R.$$

Der Index R zeigt wieder an, dass es sich um eine chemische Reaktion handelt. Das war es dann auch schon, manchmal kann Thermodynamik richtig einfach sein. Sollte hier schon die Frage auftauchen: „Und wie kann ich das nun messen?" lautet die Antwort: Noch ein ganz klein wenig Geduld.

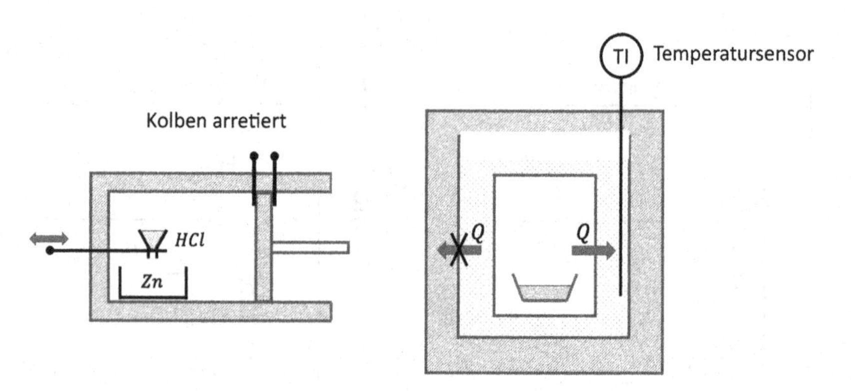

Abb. 3.15 Isochore Reaktionsführung in einem Kolbeprober und einem Kalorimeter

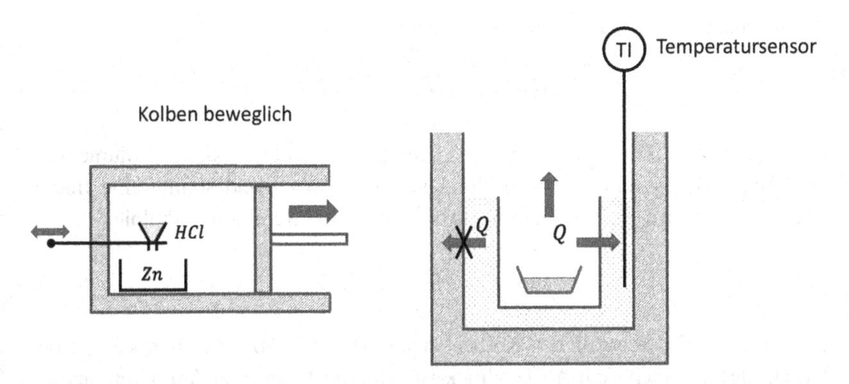

Abb. 3.16 Isobare Reaktionsführung im Kolbenprober und im Kalorimeter

3.11 Reaktionsenthalpie

Viele Reaktionen laufen aber nicht isochor, sondern isobar ab: Eine brennende Kerze oder das Aufschäumen von (Kohlensäure haltigem) Mineralwasser nach Zugabe von Säure, um nur zwei einfache Beispiele zu nennen. Abb. 3.16 zeigt, dass die Unterschiede zur isochoren Reaktionsführung durch einen beweglichen Kolben oder ein offenes System einfach zu realisieren sind.

Die beiden hier gezeigten Varianten erlauben eine isobare Reaktionsführung, unterscheiden sich praktisch aber doch in einem wesentlichen Punkt: Der bewegliche Kolben erlaubt Volumenarbeit, das System ist aber immer noch geschlossen. Bei der Variante rechts ist die Reaktionsführung ebenfalls isobar, das System ist aber offen. Spielt das im Hinblick auf die Reaktionsenthalpie eine Rolle? Wiederholungen können nie schaden[16], also geht es wieder los mit der allgemeinen Form des Ersten Hauptsatzes:

$$\Delta U = \Delta Q + \Delta W$$

Wie schon weiter vorne gesagt, wird die Reaktionswärme beim isobaren Verlauf als Reaktionsenthalpie bezeichnet, also gilt

$$\Delta U_R = \Delta H_R + \Delta W$$

[16] Evtl. langweilen, aber so weit ist es aber hoffentlich noch nicht…

Als mechanische Arbeit tritt die Volumenarbeit auf:

$$\Delta U_R = \Delta H_R - p \cdot \Delta V.$$

Zur Erinnerung: Das negative Vorzeichen stammt daher, dass bei Volumenvergrößerung das System Arbeit an der Umgebung leistet und somit seine Innere Energie um diesen Betrag abnimmt. Also gilt für die Reaktionsenthalpie

$$\Delta H_R = \Delta U_R + p \cdot \Delta V$$

folgt. Im Fall des beweglichen Kolbens hätte dieser Ansatz den Charme, dass der Druck (der ja gleich dem Aussendruck ist) und die Volumenänderung einfach zu messen sind. Beim offenen System ist das etwas schwieriger, daher bietet sich die Verwendung des idealen Gasgesetzes an. Mit

$$p \cdot V = n \cdot R \cdot T$$

folgt

$$\Delta U_R = \Delta H_R - p \cdot \Delta n \cdot R \cdot T$$

bzw. für Reaktionsenthalpie

$$\Delta H_R = \Delta U_R + \cdot n_R \cdot R \cdot T$$

Das ist nun auch nicht wesentlich komplizierter, gilt aber nur unter der Voraussetzung, daß sich das Gas zumindest so ideal verhält, daß der durch diesen Ansatz gemachte Fehler nicht zu groß wird. Bei nicht allzu hohen Drücken ist das zum Glück der Fall. Der Vollständigkeit halber nochmal der Hinweis: Die Änderung der Stoffmenge bezieht sich nur auf die gasförmigen Reaktionsteilnehmer, nicht auf Feststoffe oder Flüssigkeiten. Natürlich hat auch ein Feststoff ein Volumen, aber die dadurch verursachte Volumenänderung ist im Vergleich zum Gasvolumen vernachlässigbar.

3.12 Bestimmung von Reaktionswärmen

Beide Arten von Reaktionswärmen – die Reaktionsenergie und die Reaktionsenthalpie – lassen sich mit sogenannten Kalorimetern bestimmen. Ein Kalorimeter (zusammengesetzt aus dem lateinischen Wort *calor* für Wärme und dem altgriechischen Wort $\mu\acute{\epsilon}\tau\rho o\nu$ für Maß) ist zunächst einfach eine Apparatur zur Bestimmung der Wärmemenge, die bei physikalischen oder Prozessen freigesetzt oder aufgenommen wird. Frühe Kalorimeter gehen mindestens auf das 18. Jahrhundert zurück und ihre Entwicklung wurde stark von der Messgenauigkeit und der Entwicklung der Thermodynamik als Wissenschaft beeinflusst. Je nach interessierendem Prozess gibt es ein mittlerweile ein ganzen Arsenal an verschiedenen Bauarten, die hier natürlich nicht alle im Detail besprochen werden können. Wir beschränken uns daher auf zwei grundlegende Typen, welche die Bestimmung von ΔU und ΔH, also Reaktions*energie* und Reaktions*enthalpie* erlauben.

Wie oben erläutert, unterscheiden sich beide Größen durch die Reaktionsführung. Abb. 3.17 zeigt links ein isobar arbeitendes Kalorimeter zur Bestimmung der Enthalpie und rechts ein isochor arbeitendes Kalorimeter zur Bestimmung der Energie. Da zur Unterscheidung von exothermen und endothermen Reaktionen die Reaktions*enthalpie* verwendet wird, liegt natürlich die Verwendung des links gezeigten Kalorimetertyps auf der Hand: In dem Reaktionsgefäß wird die

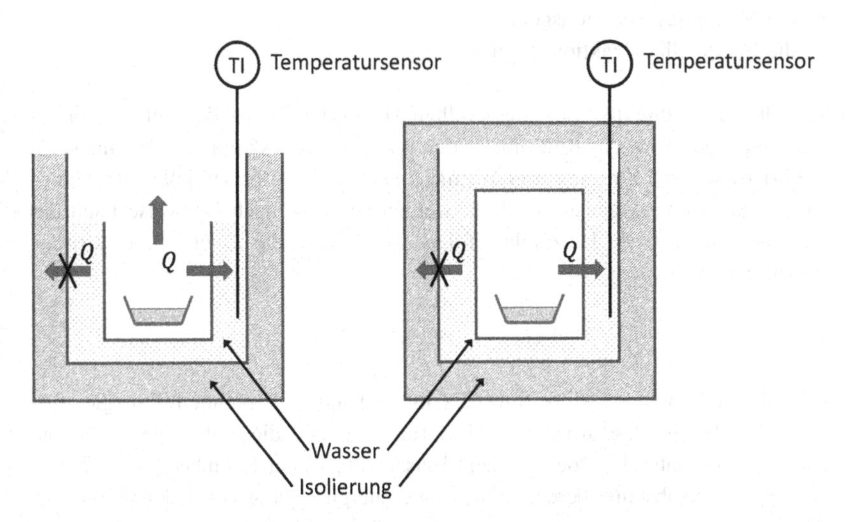

Abb. 3.17 Isobar (links) und isochor (rechts) arbeitendes Kalorimeter

Reaktion durchgerührt und die dabei umgesetzte Wärme wird mit dem umgebenden Wasser ausgetauscht. Die Messung der Temperaturänderung des Wassers entspricht der Reaktionsenthalpie und die Sache ist erledigt. Probleme bestehen „nur" noch in der praktischen Durchführung, denn:

Isobar bedeutet in der Praxis meist, dass ein offenes System vorliegt, also Stoff und Energieaustausch mit der Umgebung möglich sind. Erfolgt der Energieaustausch nur zwischen dem Reaktionsbehälter und dem umgebenden Wasser ist er gewünscht und erforderlich, derjenige mit der Umgebung jedoch nicht. Offene Systeme wie in der Abbildung gezeigt sind zudem nicht für Reaktionen geeignet, an denen Gase beteiligt sind. In solchen Fälle muss isochor gearbeitet werden. Isochor bedeutet, dass die Reaktionsenergie bestimmt wird, die lässt sich aber über die Volumenarbeit einfach in die Reaktionsenthalpie umrechnen.

In beiden Fällen wird es auch so sein, dass ein Teil der Wärme (egal, wie gut oder schlecht der Wärmeaustausch mit der Umgebung ist) unvermeidlich von Kalorimeter selbst aufgenommen oder abgegeben wird. Diese Wärmemenge ist auf jeden Fall zu berücksichtigen und muss durch Kalibration des Kalorimeters bestimmt werden. Wenn also beispielsweise die Temperatur des Kalorimeters um ein Kelvin steigt, wurde die bei der Reaktion freigesetzte Energie auf

- die Masse der Kalorimeterflüssigkeit (meist Wasser)
- die Masse der Luft im Kalorimeter
- die Masse des Reaktionsgefäßes
- die Masse aller Reaktionspartner

verteilt – eine direkte Folge des Nullten Hauptsatzes. Zur Bestimmung dieser Wärmemengen wird das Kalorimeter durch Zufuhr einer definierten Wärmenenge kalibriert. Wie die Zufuhr dieser Wärmenenge erfolgt ist prinzipiell egal, solange sie nur ausreichend genau bestimmt werden kann. Je nach Bauweise kann das elektrisch durch einen Heizdraht erfolgen, dabei wird die zugeführte elektrische Arbeit gemessen

$$Q_{Kal} = W_{el} = U \cdot I \cdot t$$

oder durch Vebrennen einer Substanz mit bekannter Vebrennungsenergie. Insbesondere bei isochor arbeitenden Kalorimetern wird diese Variante bevorzugt. Meist kommt dabei Benzoesäure zum Einsatz, eine unter Raumbedingungen sehr stabile, feste Substanz, deren Verbrennungsenergie sehr genau bekannt ist. Aus der Temperaturänderung des Kalorimeters lässt sich bei bekannter Einwaage leicht auf die Wärmekapazität des Kalorimeters schließen.

Hier muss (wie immer...) auf die Systemgrenzen geachtet werden: Das System besteht ja aus dem Kalorimeter selbst sowie allen Substanzen, die darin zur Reaktion gebracht werden. Da das System im isochoren Fall als abgeschlossen betrachtet wird, lautet der Ansatz

$$\Delta U = \Delta Q = Q_{ab} + Q_{auf} = 0$$

bzw.

$$-Q_{ab} = Q_{auf}$$

Die Wärme wird vom Kalorimeter aufgenommen und erzeugt eine dazu proportionale Temperaturerhöhung:

$$Q_{auf} = C_{Kal} \cdot \Delta T$$

Diese Wärmemenge setzt sich zusammen aus der Verbrennungswärme der verwendeten Benzoesäure und des verwendeten Fadens sowie der zum Starten der Reaktion benötigten Zündenergie:

$$Q_{ab} = \Delta U_{Bz} \cdot m_{Bz} + Q_{Faden} + Q_{\text{Zünd}}$$

Aus

$$-C_{Kal} \cdot \Delta T = \Delta U_{Bz} \Delta m_{Bz} + Q_{Faden} + Q_{\text{Zünd}}$$

folgt für die Wärmekapazität des Kalorimeters:

$$C_{Kal} = -\frac{\Delta U_{Bz} \Delta m_{Bz} + Q_{Faden} + Q_{\text{Zünd}}}{\Delta T}$$

Zu dieser Formel noch einige Hinweise: Die Wärmekapazität des Kalorimeters trägt als Größenzeichen ein großes C, weil sie nicht auf Masse oder Stoffmenge bezogen ist. Der Zündfaden ist im Handel als standardisiertes Produkt erhältlich, der Wert der Verbrennungswärme ist in der Regel angegeben und muss nicht selbst bestimmt werden. Ähnlich ist es mit der Zündenergie, diese wird von den meisten modernen Kalorimeters automatisch bestimmt. Alternativ lässt sie sich sich über den Zusammenhang

$$Q_{\text{Zünd}} = U \cdot I \cdot t$$

auch experimentell bestimmen. Die Bestimmung der Reaktionsenergie (hier als Verbrennungsenergie bezeichnet) ergibt sich dann aus dem oben schon genannten und passend umgestellten Zusammenhang

$$\Delta U_{Probe} = \frac{C_{Kal}\Delta T - Q_{Faden} - Q_{\text{Zünd}}}{m_{Probe}}$$

Bei bekannter molarer Masse errechnet sich die molare Reaktionsenergie der Probe zu

$$\Delta U_{m,Probe} = \Delta U_{Probe} \cdot \Delta M_{Probe}$$

Beispiel: 0,3026 g Ethanol werden in einem Kalorimeter isochor verbrannt, dabei steigt die Temperatur um 5,404 K. Die Wärmekapazität des Kalorimeters beträgt 2,10 kJ/K, die Verbrennungswärme des Zündfadens 10,0 J und die Zündenergie 5,0 J. Wie groß ist die molare Verbrennungswärme von Grafit?

$$\Delta U_{Grafit} = -\frac{C_{Kal} \cdot \Delta T - Q_{Faden} - Q_{\text{Zünd}}}{m_{Probe}} = \frac{2{,}10\,\text{kJ} \cdot \text{K}^{-1} \cdot 5{,}404\,\text{K} - 10{,}0\,\text{J} - 5{,}0\,\text{J}}{0{,}3026\,\text{g}}$$

$$= -37{,}453\,\frac{\text{kJ}}{\text{g}}$$

$$\Delta U_{m,Grafit} = \Delta U_{Grafit} \cdot M_{Grafit} = -37{,}453\,\frac{\text{kJ}}{\text{g}} \cdot 32{,}04\,\frac{\text{g}}{\text{mol}} = -1200\,\frac{\text{kJ}}{\text{mol}}$$

War es das nun? Fast, aber noch nicht ganz: Weiter oben wurde ja schon gesagt, dass für die Einteilung in exotherme und endotherme Reaktionen nicht die Reaktions*energie*, sondern die Reaktions*enthalpie* entscheidend ist. Also rechnen wird noch schnell um. Das ist kein Problem, da der Unterschied nur in der Volumenarbeit besteht:

$$\Delta H_R = \Delta U_R + \Delta n_R \cdot R \cdot T$$

Übersicht

Beispiel: Wie groß ist die molare Verbrennungsenthalpie des Ethanols bei 25,0 °C?

Benötigt wird die Änderung der Stoffmenge der gasförmigen Reaktionspartner. Aus der Reaktionsgleichung

$$C_2H_5OH(fl) + 3\,O_2(g) \rightarrow 2\,CO_2(g) + 3\,H_2O(g)$$

folgt $\Delta n = -1$ mol pro mol Ethanol, das verbrannt wird. Damit ergibt sich die Reaktionsenthalpie der Verbrennung zu

$\Delta H_R = \Delta U_R + \Delta n \cdot R \cdot T = -1200\,\frac{\mathrm{kJ}}{\mathrm{mol}} + (-1)\mathrm{mol} \cdot 8{,}314\,\frac{\mathrm{J}}{\mathrm{mol}} \cdot \mathrm{K} \cdot 298{,}15\,\mathrm{K} = -1202\,\frac{\mathrm{kJ}}{\mathrm{mol}}$

Hier nochmals der Hinweis, dass bei der Volumenarbeit nur die gasförmigen Reaktionspartner berücksichtigt werden. Natürlich entsteht bei de Verbrennung von Ethanol zunächst gasförmiges Wasser, aber in der Beispielrechnung wurde die Reaktionsenthalpie bei 25 °C berechnet. Bei dieser Temperatur ist Wasser unter Normaldruck flüssig, sodass nur der (verbrauchte) Sauerstoff und das (gebildete) Kohlenstoffdioxid relevant sind.

3.13 Satz von HESS

Reaktionen zur Herstellung eines gewünschten Zielproduktes können oft auf verschiedenen Wegen durchgeführt werden. Ein Beispiel ist die vollständige Hydrierung von Ethin zu Ethan:

$$C_2H_2 + 2 \cdot H_2 \rightarrow C_2H_6 \;\; \Delta_R H_m^0 = -311\,\frac{\mathrm{kJ}}{\mathrm{mol}}$$

Diese Reaktion lässt sich auch schrittweise durchführen: Zunächst erfolgt die Hydrierung von Ethin zu Ethen

$$C_2H_2 + H_2 \rightarrow C_2H_4 \;\; \Delta_R H_m^0 = -174{,}1\,\frac{\mathrm{kJ}}{\mathrm{mol}}$$

und in einem zweiten Schritt die Hydrierung von Ethen zu Ethan.

$$C_2H_4 + H_2 \rightarrow C_2H_6 \; \Delta_R H_m^0 = -137{,}2\,\frac{\text{kJ}}{\text{mol}}$$

Addiert man formal die beiden Teilreaktionen, so erhält man:

$$C_2H_2 + H_2 \rightarrow 2 \cdot H_2 \rightarrow C_2H_6 \; \Delta_R H_m^0 = -311{,}3\,\frac{\text{kJ}}{\text{mol}}$$

Nicht nur das Endprodukt (Ethin) ist das gleiche, auch für die Hydrierwärme (d. h. die Reaktionsenthalpie) ergibt sich derselbe Wert. Ein weiteres Beispiel ist die Bildung von Natriumchlorid bei der Neutralisation von Salzsäure mit Natronlauge, diese lässt sich z. B. durch Zugabe von festem Natriumhydroxid zur Salzsäure durchführen:

$$\text{NaOH(s)} + \text{HCl} \cdot \text{(aq)} \rightarrow \text{NaCl} \cdot \text{(aq)} + H_2O \cdot \text{(l)} \; \Delta_R H_m^0 = -99\,\frac{\text{kJ}}{\text{mol}}$$

Alternativ lässt kann man auch das feste Natriumhydroxid zunächst in Wasser lösen

$$\text{NaOH(s)} + H_2O \rightarrow \text{NaOH(aq)} \; \Delta_R H_m^0 = -42\,\frac{\text{kJ}}{\text{mol}}$$

und anschließend durch Mischen der beiden Lösungen die Naturalisation durchführen:

$$\text{NaOH(aq)} + \text{HCl} \cdot \text{(aq)} \rightarrow \text{NaCl} \cdot \text{(aq)} + H_2O \cdot \text{(l)} \; \Delta_R H_m^0 = -57\,\frac{\text{kJ}}{\text{mol}}$$

Auch hier ergibt sich durch Addition der beiden zuletzt genannten Reaktionsgleichungen der gleiche Wert für die Reaktionswärme. Diese Ergebnisse zeigen, dass die Reaktionsenthalpie unabhängig vom Weg ist, der zur Bildung eines Produktes führt (sondern vom Zustand des Produktes abhängt, wie weiter vorne erläutert). Anders gesagt:

Die Reaktionswärme ist keine Wegfunktion, sondern eine Zustandsfunktion .

Dies ist die zentrale Aussage des Satzes von HESS, der besagt, dass die Reaktionsenthalpie nur vom Zustand der Edukte und Produkte abhängt, aber nicht vom Reaktionsverlauf und der Anzahl der Schritte. Alternativ formuliert: Die

Reaktionsenthalpie einer Reaktion ist die Summe aller Reaktionsenthalpien der Teilschritte, in welche die Reaktion zerlegt werden kann. Durch Anwendung des Satzes von HESS können Reaktionsenthalpien indirekt bestimmt werden, die experimentell nicht direkt gemessen werden können. Beispielsweise lässt sich die direkte Messung der Bildungsenthalpie von Kohlenmonooxid

$$C(s) +^{1/2}\ O_2(g) \rightarrow 2\ CO(g)\ \Delta_R H_m^0 = ?$$

experimentell nur schwer durchführen (die Weiteroxidation unter Bildung von CO_2 lässt sich kaum vermeiden). Einfach durchzuführen ist hingegen die vollständige Oxidation von Kohlenstoff zu Kohlenstoffdioxid (Reaktion II):

$$C(s) + O_2(g) \rightarrow CO_2(g)\ \Delta_R H_m^0 = -394\ \frac{\mathrm{kJ}}{\mathrm{mol}}$$

und die Oxidation von Kohlenstoffmonooxid zu Kohlenstoffdioxid (Reaktion III):

$$CO(g) +^{1/2}\ O_2 \rightarrow 2\ CO_2\ \Delta_R H_m^0 = -283\ \frac{\mathrm{kJ}}{\mathrm{mol}}$$

Die molare Standard-Reaktionsenthalpie der Verbrennung von Kohlenstoff zu Kohlenstoffmonooxid ergibt sich also zu

$$\Delta_R H_m^0(III) = \Delta_R H_m^0(I) - \Delta_R H_m^0(II) = -394\ \frac{\mathrm{kJ}}{\mathrm{mol}} - \left(-283\ \frac{\mathrm{kJ}}{\mathrm{mol}}\right) = -111\ \frac{\mathrm{kJ}}{\mathrm{mol}}$$

Sehr anschaulich kann man das in einem Energiediagramm darstellen (vgl. Abb. 3.18), wie hier für die gerade besprochen Bildung von Kohlenstoffmonooxid gezeigt:

3.14 Born-Haber-Kreisprozess

Was sind Kreisprozesse? In der Thermodynamik versteht man darunter eine Folge von Zustandsänderungen, bei denen der Endzustand gleich dem Anfangszustand ist. Ein sehr einfacher Kreisprozess wurde weiter vorne bereits besprochen, nämlich die reversible Kompression bzw. Expansion. Gilt das auch für chemische Reaktionen? Der HESSsche Satz besagt ja, dass sich Reaktionen in Teilschritte aufteilen lassen und die dabei auftretende Änderung der Enthalpie unabhängig von Weg ist. Mit *Weg* ist dabei intuitiv der *Hin*weg, also die *Hin*reaktion gemeint.

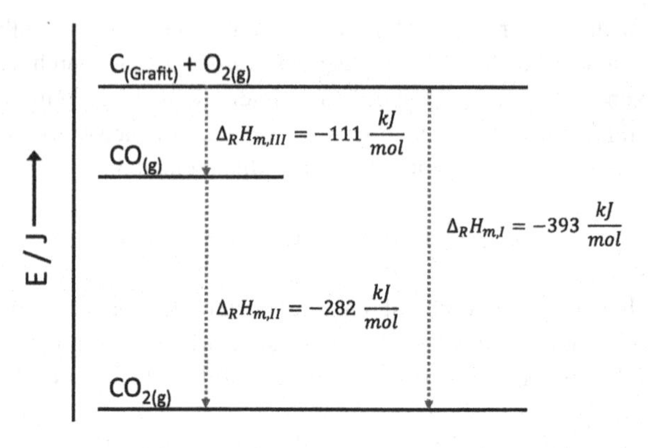

Abb. 3.18 HESSscher Satz am Beispiel der Oxidation von Grafit zu Kohlenstoffdioxid. Die Gesamtenthalpie ist unabängig von der Anzahl der Teilschritte

Und was ist mit dem *Rück*weg? Max BORN und Fritz HABER[17] befassten sich mit dieser Frage. Ihre Grundüberlegung war: Wenn der Hinweg ein bestimmte Enthalpieänderung aufweist und der Rückweg die gleiche Enthalpieänderung, aber mit umgekehrtem Vorzeichen, muss die die Summe aller Enthalpien Null sein:

$$\Delta H_{hin} = -\Delta H_{\text{rück}} \Rightarrow \Delta H_{hin} + \Delta H_{\text{rück}} = 0$$

Da sich sowohl Hin- und Rückweg als Summe der Teilschritte formulieren lassen (HESSscher Satz!), gilt mit

$$\Delta H_{hin} = \sum_{i=1}^{n} \Delta H_{i,hin}$$

und

$$\Delta H_{rück} = \sum_{i=1}^{n} \Delta H_{i,rück}$$

auch

[17] Ein Physiker und ein Chemiker – wie passend für eine physikalisch-chemische Fragestellung…

$$\sum_{i=1}^{n} \Delta H_{i,hin} + \sum_{i=1}^{n} \Delta H_{rück} = \sum_{i=1}^{n} \Delta H_i = 0$$

Das klingt plausibel und lässt sich auch experimentell belegen. Als Beispiel soll die Bildung von Natriumchlorid aus Elementen dienen. Bringt man beide Elemente zusammen zur Reaktion, läuft der Vorgang „glatt" in einem Schritt ab, ähnlich wie oben die Hydrierung von Ethin zu Ethan. Auch hier lässt sich der Gesamtvorgang in eine Reihe von Teilschritten aufteilen die sich experimentell bestimmen lassen. Der Anfangszustand ist prinzipiell frei wählbar, aber es bietet sich natürlich an, keine allzu exotischen Bedingungen zu wählen. Hier sollen es die so genanten Standardbedingungen sein, das heißt 25 °C und 1,013 bar[18]. Bei dessen Bedingen ist Natrium ein metallischer Feststoff und Chlor ein zweiatomiges Gas. Um sie zur Reaktion zu bringen, müssen sie

- als einatomige Teilchen (Gase) vorliegen und
- in Ionen überführt werden.

Beginnen wir mit der Umwandlung des festen in gasförmiges Natrium. Die dazu nötige Enthalpie wird als Sublimationsenthalpie bezeichnet[19]. Sie beträgt:

$$\mathrm{Na\ (s)} \rightarrow \mathrm{Na\ (g)}\ \Delta_{Subl} H_m^0 = +108\ \frac{\mathrm{kJ}}{\mathrm{mol}}$$

Im gasförmigen Natrium liegen die Atome frei vor, daher folgt als Nächste die Bildung von Natrium-Kationen. Die auftretende Enthalpie wird als Ionisierungsenthalpie bezeichnet:

$$\mathrm{Na(g)} \rightarrow \mathrm{Na^+(g)} + \mathrm{e^-}\ \Delta_{Ion} H_m^0 = +502\ \frac{\mathrm{kJ}}{\mathrm{mol}}$$

Chlor ist unter Standardbedingunge gasförmig und besteht aus zweiatomigen Molekülen. Zur Spaltung in einzelne Atome muss die Dissoziationsenthalpie aufgewendet werden:

$$^{1/2}\mathrm{Cl_2(s)} \rightarrow \mathrm{Cl(g)}\ \Delta_{Diss} H_m^0 = +121\ \frac{\mathrm{kJ}}{\mathrm{mol}}$$

[18] 25 °C und 1013 mbar sind hierbei exakte Werte.

[19] „Enthalpie" zeigt an, dass es sich um einen isobaren Vorgang handelt. Für die entsprechenden Reaktionsenergien bei isochorer Reaktionsführung würde sinngemäß das Gleiche gelten.

Aufgrund ihrer Stellung im Periodensystem erfolgt bei der Ionisierung der Chloratome eine Elektronenaufnahme. Dieser Vorgang ist exotherm, die dabei frei werdende Enthalpie wird als Elektronenaffinität bezeichnet (physikalisch gesehen handelt es sich dabei auch um eine Ionisierung):

$$\mathrm{Cl(g)} + \mathrm{e^-(g)} \rightarrow \mathrm{Cl^-(g)} \; \Delta_{EA} H_m^0 = -354 \, \frac{\mathrm{kJ}}{\mathrm{mol}}$$

Alle bisher genannte Enthalpien sind messbar. Ausgerechnet der letzte Teilschritt, die bei der Bildung von festem Natriumchlorid auftretende Gitterenthalpie aber nicht.

$$\mathrm{Na} + \mathrm{(g)} + \mathrm{Cl^-(g)} \rightarrow \mathrm{NaCl(s)} \; \Delta_{Gitter} H_m^0 = ? \frac{\mathrm{kJ}}{\mathrm{mol}}$$

Was also tun? Ganz einfach: Der Kreisprozess wird geschlossen, indem das Produkt Natriumchlorid in seine Bestandteile Natrium und Chlor zerlegt wird (Abb. 3.19):

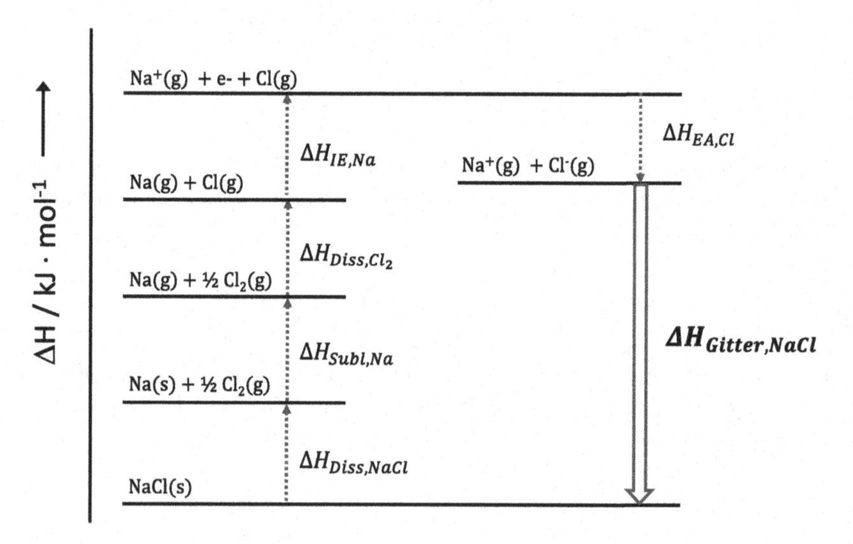

Abb. 3.19 Gittererenthalpie von Natriumchlorid als Beispiel für den BORN-HABER-Kreisprozess

$$\text{NaCl (g)} \rightarrow \text{Na (f)} + \text{Cl(g)}\ \Delta_{Zers} H_m^0 = +411\ \frac{\text{kJ}}{\text{mol}}$$

Die Bildungsenthalpie der umgekehrte Vorgang, also der negative Wert der Zersetzungsenthalpie:

$$\Delta_{Bild} H_m^0 = -\Delta_{Zers} H_m^0$$

Da die Summe der Teil-Enthalpien Null ergibt

$$\sum_{i=1}^{n} \cdot H_i = 0$$

folgt für den konkreten Fall des Natriumchlorids:

$$\Delta_{Gitt} H_m^0 + \Delta_{Sub} H_m^0 + \Delta_{Ion} H_m^0 + \Delta_{Diss} H_m^0 + \Delta_{Ea} H_m^0 + \Delta_{Bild} H_m^0 = 0$$

Damit lässt sich nun der Wert der Gitterenthalpie berechnen, er beträgt:

$$\Delta_{Gitt} H_m^0 = -\left(\Delta_{Sub} H_m^0 + \Delta_{Ion} H_m^0 + \Delta_{Diss} H_m^0 + \Delta_{Ea} H_m^0 + \Delta_{Bild} H_m^0\right)$$
$$\Delta_{Gitt} H_m^0 = -(108 + 502 + 121 - 354 + 411)\ \frac{\text{kJ}}{\text{mol}} = -788\ \frac{\text{kJ}}{\text{mol}}$$

Das ist nun die Gitterenthalpie, welche freigesetzt wird, wenn jeweils ein Mol Natrium-Ionen mit Chlorid-Ionen das Ionengitter von einem Mol Natriumchlorid bilden.

3.15 Bildungs- und Zersetzungsenthalpien

Bisher war schon von einigen verschiedenen Arten von Enthalpien die Rede: Reaktionsenthalpie, Sublimationsenthalpie, Dissoziationsenthalpie, Gitterenthalpie, Bildungsenthalpie, Zersetzungsenthalpie usw. Die Liste lässt sich noch lange fortsetzen: Es handelt sich immer um Enthalpien, die einfach einem bestimmten Vorgang zugeordnet werden. Schauen wir und zwei davon etwas näher an: Die Bildungs- und die Zersetzungsenthalpie. Was versteht man darunter genau?

Unter der molaren Standardbildungsenthalpie $\Delta_{Bild} H_m^0$ versteht man den auf 1 mol und Standardbedingungen bezogenen Wärmeumsatz bei der Bildung eines Stoffe aus den Elementen. Den elementaren Stoffen in Ihrer unter diesen Bedingungen stabilsten Modifikation wird der Wert Null zugeordnet.

Das ist nun ein schöner „Brocken" von Definition, der erst mal verdaut werden muss. Im Gegensatz zu den bisher eher allgemein gehaltenen Überlegungen (die wichtig sind für ein Verständnis) geht es nun um eine eher technische Definition (die wichtig ist für jede saubere Messung). Das ist zwar manchmal lästig, aber leider unvermeidlich. Um es positiver zu formulieren: Die Definition zeigt, auf was man zu achten hat. Im Einzelnen sind das:

Die *Stoffmenge* bzw. Teilchenzahl. Ein Mol sind ca. $6{,}02 \cdot 10^{23}$ Teilchen, im Symbol wird das oft durch den Index m angegeben. So weit, so einfach.

Die *Standardbedingungen* wurden vorne auch schon erwähnt und sind im Symbol durch die Hochgestellte Null *0* angegeben Meist versteht man darunter 25 °C[20]. Leider nur *meist* und nicht immer, also lohnt es sich, genau hinzuschauen. Noch ein „leider": Leider schreibt nicht jeder dazu, was er oder sie unter Standardbedingungen versteht.

Dass den *Elementen* der Wert Null zugeordnet wird ist nicht so willkürlich, wie es vielleich den Anschein hat: In der Chemie werden Elemente weder erzeugt noch vernichtet, daher besitzen Sie auch keine Bildungsenthalpie. Einige Elemente wie Kohlenstoff oder Schwefel treten aber in verschiedenen Modifikationen auf (beim Kohlenstoff Grafit, Diamant und Grafen), in diesem Fall ordnet man der jeweils stabilsten Modifikation den Wert Null zu.

Die Zersetzungsenthalpie ist analog der Bildungsenthalpie für den umgekehrten Vorgang definiert, was schon vorne im Kapitel zum Kreisprozess nach BORN und HABER genutzt wurde.

[20] Dabei handelt es sich um SATP (Standard Ambient Tempearture and Pressure), d.h (exakt) 25 °C und (exakt) 1013,25 mbar.

3.16 Berechnung von Bildungs- und Reaktionsenthalpien

Die vorne gewonnenen Erkenntnissen zum HESSschen Satz und zum BORN-HABER-Kreisprozess lassen sich nun ganz praktisch nutzen, um sowohl Bildungsenthalpien als auch Reaktionsenthalpien ziemlich einfach zu berechnen. Um nicht Äpfel mit Birnen zu vergleichen sollen stets Standardbedingungen gelten.

Bei Kenntnis der Bildungsenthalpie aller beteiligten Stoffe lässt sich die Reaktionsenthalpie (unter Berücksichtigung der stöchiometrischen Koeffizienten) als deren Summe berechnen, für eine allgemeine Reaktion

$$\mathrm{a\,A + b\,B \rightarrow c\,C + d\,D}\ \Delta_R H_m^0 = ?$$

lautet der Ansatz:

$$\Delta_R H_m^0 = \sum_{i=1}^{n} \upsilon_i \cdot \Delta_{Bild} H_{m,i}^0$$

Die stöchiometrischen Koeffizienten der Edukte werden dabei negativ, die der Produkte positiv gezählt.

Übersicht

Beispiel: Wie groß ist die molare Standardreaktionsenthalpie (pro Mol Ethin) bei der Verbrennung von Ethin zu Kohlenstoffdioxid und Wasser?

Die Reaktionsgleichung lautet

$$\mathrm{C_2H_2(g) + 5/2O_2(g) \rightarrow 2CO_2(g) + H_2O(l)},$$

der Ansatz somit:

$$\Delta_R H_m^0 = \upsilon_{\mathrm{CO_2}} \cdot \Delta_{Bild} H_{m,\mathrm{CO_2}}^0 + \upsilon_{\mathrm{H_2O}} \cdot \Delta_{Bild} H_{m,\mathrm{H_2O}}^0$$
$$+ \upsilon_{\mathrm{C_2H_2}} \cdot \Delta_{Bild} H_{m,\mathrm{C_2H_2}}^0 + \upsilon_{\mathrm{CO_2}} \cdot \Delta_{Bild} H_{m,\mathrm{O_2}}^0$$

Sauerstoff ist ein Element und fällt direkt heraus, die Werte für Ethin, Kohlenstoffdioxid und Wasser sind 226,8 kJ/mol, - 393 lJ/mol und -286 kJ/mol. Damit ergibt sich die gesuchte Größe zu:

$$\Delta_R H_m^0 = (-2 \cdot 393 - 286 - 226{,}8)\frac{\text{kJ}}{\text{mol}} = -1299\,\frac{\text{kJ}}{\text{mol}}$$

Die Werte der molaren Standardbildungsenthalpien sind für viele Stoffe tabelliert, was für „übliche“ Reaktionen das Leben stark vereinfacht. Was aber, wenn nicht? Dann funktioniert, dank des Hesschwen Satzes, das Ganze auch umgekehrt: Wenn man aus Bildungsenthalpien die Reaktionsenthalpie berechnen kann, lässt sich auch die Bildungsenthalpie aus Reaktionsenthalpien berechnen.

Übersicht

Beispiel: Butan verbrennt zu Kohlenstoffdioxid und Wasser:

$$C_4H_{10}(g) + 13/2O_2(g) \rightarrow 4CO_2(g) + 5H_2O(l)$$

Bekannt sind die molare Standardreaktionsenthalpie (−2880 kJ/mol), die molare Standardbildungsenthalpie des Wassers (−286 kJ/mol) und die molare Standardbildungsenthalpie des Kohlenstoffdioxids (−393 kJ/mol). Wie groß ist die molare Standardbildungsenthalpie des Butans?

Der Ansatz für die Reaktionsenthalpie lautet:

$$\begin{aligned}\Delta_R H_m^0 = {} & \upsilon_{CO_2} \cdot \Delta_{Bild} H_{m,CO_2}^0 + \upsilon_{H_2O} \cdot \Delta_{Bild} H_{m,H_2O}^0 \\ & + \upsilon_{C_4H_{10}} \cdot \Delta_{Bild} H_{m,C_4H_{10}}^0 + \upsilon_{CO_2} \cdot \Delta_{Bild} H_{m,O_2}^0\end{aligned}$$

Umgestellt nach der gesuchten Bildungsenthalpie des Butans ergibt sich:

$$\Delta_{Bild} H_{m,C_4H_{10}}^0 = \Delta_R H_m^0 - \upsilon_{CO_2} \cdot \Delta_{Bild} H_{m,CO_2}^0 - \upsilon_{H_2O} \cdot \Delta_{Bild} H_{m,H_2O}^0$$

$$\Delta_{Bild} H_{m,C_4H_{10}}^0 = (-2880 - 4 \cdot (-393) - 5 \cdot (-286)) = -122\,\frac{\text{kJ}}{\text{mol}}$$

Die Bildung von Butan aus den Elementen Kohlenstoff und Wasserstoff ist also eine exotherme Reaktion.

Im Einzelfall kann es durchaus knifflig sein, eine „passende“ Reaktion für ein konkretes Problem zu formulieren. Prinzipiell lässt sich aber durch geschicktes Kombinieren so ziemlich jede Aufgabenstellung lösen.

3.17 Temperaturabhängigkeit der Enthalpie

Das Präfix *Standard* (gekennzeichnet durch den hochgestellten Index „0“ im Symbol) lässt es schon vermuten: Der Wert der Enthalpie hängt vom Zustand ab. Das ist eigentlich trivial, da es sich ja um eine Zustandsgröße handelt. Druck und Temperatur sind wichtige Zustandsgrößen in der Chemie, daher soll nun die Abhängigkeit von diesen beiden Größen etwas näher betrachtet werden. Vereinfacht gefragt: Wie ändert sich die molare Standardenthalpie, wenn keine Standardbedingungen vorliegen? Betrachten wir zunächst die Temperaturabhängigkeit bei konstantem Druck. In diesem Fall war die Enthalpieänderung gleich der Änderung der Wärmenergie:

$$\Delta H = \Delta Q = c_p \cdot \Delta T$$

Die Enthalpie ist in diesem Fall extensiv, das heißt, dass ihr Wert von der Menge abhängt. Bezieht man sich auf eine definierte Menge, in der Chemie meist die Stoffmenge, wird daraus eine molare, also intensive Größe:

$$\Delta H_m = \Delta Q_m = c_{p,m} \cdot \Delta T$$

Demnach ist die Änderung der Enthalpie proportional zur Änderung der Temperatur und die molare Wärmekapazität ist der Proportionalitätsfaktor. Dummerweise ist dieser Faktor keine Konstante, sondern selbst von der Temperatur abhängig. Zum Glück ist dessen Temperaturabhängigkeit aber nicht sehr ausgeprägt (wie schon weiter vorne für Wasser gezeigt), so dass wir ihn als konstant annehmen können. Unter dieser Annahme ist nun die Umrechnung der Enthalpie von Standard- auf Nichtstandardbedingungen ziemlich einfach: Steigt die Temperatur isobar von T_1 auf T_2, so steigt auch die Enthalpie von H_1 auf H_2 gemäß

$$\Delta H_{m,T2} - \Delta H_{m,T1} = c_{p,m} \cdot (T_2 - T_1)$$

bzw.

$$\Delta H_{m,T2} = \Delta H_{m,T1} + c_{p,m} \cdot (T_2 - T_1)$$

Dieser Zusammenhang gilt für sowohl für Bildungs- als auch für Reaktionsenthalpien. Mit

$$\Delta_R H_m^0 = \sum_{i=1}^{n} \upsilon_i \cdot \Delta_{Bild} H_{m,i}^0$$

für die molare Standardreaktionsenthalpie (bei 25 °C) folgt für die molare Reaktionsenthalpie (bei irgendeiner anderen Temperatur)

$$\Delta_R H_{m,T} = \Delta_R H_m^0 + \sum_{i=1}^{n} \upsilon_i \cdot c_{p,m,i} \cdot \left(T - T^0\right)$$

Übersicht

Beispiel: Wie groß ist die molare Reaktionsenthalpie der Knallgasreaktion bei 25° und bei 75 °C? Die molaren Wärmekapazitäten für Wasser, Wasserstoff und Sauerstoff bei 25 °C betragen 75,4, 29,0 und 29,2 J/(mol · K).

$$2\,H_2 + O_2 \rightarrow 2\,H_2O$$

Die molare Standardreaktionsenthalpie beträgt

$$\begin{aligned}\Delta_R H_m^0 &= 2 \cdot H^0_{Bild,H_2O} - 2 \cdot H^0_{Bild,H_2O} - H^0_{Bild,O_2} \\ &= (2 \cdot (-286) - 2 \cdot 0 - 0)\frac{\mathrm{kJ}}{\mathrm{mol}} = -572\frac{\mathrm{kJ}}{\mathrm{mol}}\end{aligned}$$

Mit

$$\begin{aligned}\sum_{i=1}^{n} \upsilon_i \cdot c_{p,m,i} &= 2 \cdot c_{p,m,H_2O} - 2 \cdot c_{p,m,H_2} - c_{p,m,O_2} \\ &= ((2 \cdot 75{,}4) - 229{,}0 - 29{,}2)\frac{\mathrm{J}}{\mathrm{mol} \cdot \mathrm{K}} = 63{,}6\frac{\mathrm{J}}{\mathrm{mol} \cdot \mathrm{K}}\end{aligned}$$

ergibt sich die Reaktionsenthalpie bei 75 °C zu

$$\Delta_R H_{m,T} = \Delta_R H_m^0 + \sum_{i=1}^{n} \upsilon_i \cdot c_{p,m,i} \cdot \left(T - T^0\right) = -572\,\frac{\mathrm{kJ}}{\mathrm{mol}} + 0{,}0636\,\frac{\mathrm{kJ}}{\mathrm{mol} \cdot \mathrm{K}} \cdot (75 - 25)\,\mathrm{K} = -571\,\frac{\mathrm{kJ}}{\mathrm{mol}}$$

Wie die Rechnung zeigt, ist die Temperaturabhängigkeit der Reaktionsenthalpie nicht sehr ausgeprägt, im obigen Beispiel gerade mal etwa 0,2 % bei einer Temperaturänderung um 50 °C. Daher werden in der Praxis für nicht zu große Temperaturdifferenzen die Reaktionsenthalpien als konstant angenommen.

4 Zweiter Hauptsatz

Der Erste Hauptsatz der Thermodynamik ist mehr oder weniger nichts anderes als der Energieerhaltungssatz der Physik. Es geht also darum, dass Energie zwar in verschiedenen Formen auftreten, aber weder erzeugt noch vernichtet werden. Alle Energieformen sind formal gleichberechtigt, abgesehen von einigen praktischen Problemen lassen sie sich jederzeit von der einen in die Andere umwandeln. Diese „Probleme" sind Inhalt des zweites Hauptsatzes.

Als Beispiel soll das Sublimieren eines Feststoffs dienen (der flüssige Aggregatzustand wird übersprungen). Feststoffe sind durch feste Grenzen charakterisiert, jeder Bestandteil hat seinen festen Platz. Das beim Sublimieren daraus entstehende Gas enthält mehr (innere) Energie, da ihm ja die Sublimationsenergie zugeführt wurde. Abb. 4.1 zeigt einige Möglichkeiten, wie das aussehen könnte.

Zustand I soll einen geordneten Feststoff darstellen, bestehend aus zwei Teilchenarten. Das kann eine Legierung zweier Metalle, ein Gemisch aus zwei Edelgasen oder ein Schichtkuchen sein. Führt man dem System genügend Wärmeenergie zu, wird daraus ein Gas wie im Zustand II entstehen[1]. Zustand II ist natürlich nur eine Momentaufnahme, da sich die Teilchen in ständiger Bewegung befinden. Kann es dann sein, dass auch Zustand III oder Zustand IV Momentaufnahmen darstellen? Natürlich nicht… Aber… Warum eigentlich? Wenn sich die Teilchen in einem Gas frei bewegen können, sollten doch auch diese beiden Zustände möglich sein, oder? Der Erste Hauptsatz liefert kein Gegenargument, die innere Energie der Zustände II, III und IV in einem abgeschlossenen System ist ja konstant. Das bedeutet nicht, dass die Zustände III und IV nicht realisierbar sind: Um von Zustand II zu Zustand III zu gelangen reicht es, das Volumen eines Kolbens zu verringern. Da bedeutet aber auch: Es muss Arbeit geleistet

[1] Einerverstanden – mit einem Schichtküchen dürfte das Probleme verursachen…

T. Hecht, *Thermodynamik (nicht nur) für Chemietechniker*, essentials,
https://doi.org/10.1007/978-3-658-34776-5_4

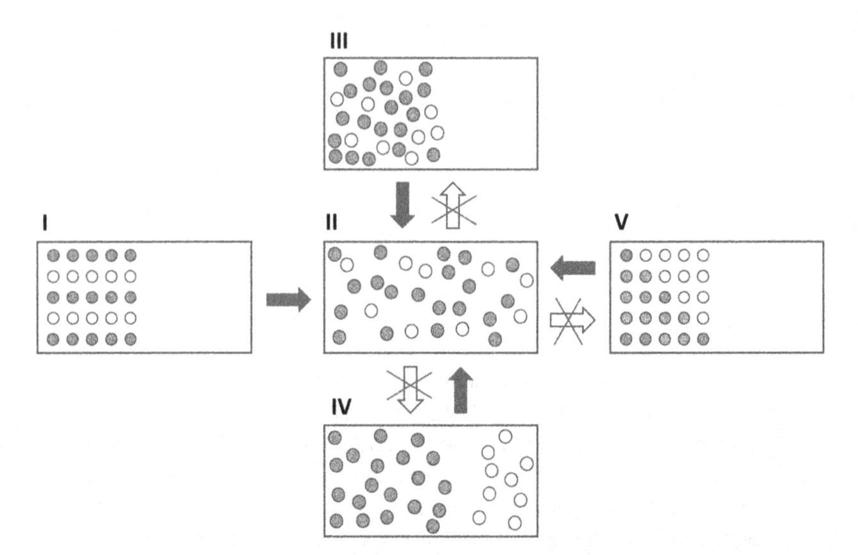

Abb. 4.1 Geordnete und ungeordnete Zusände zur Veranschaulichung der Entropie

werden. Vorgänge, oder Prozesse, die nur durch Zufuhr von Arbeit durchgeführt werden können, werden als erzwungene bzw. nicht spontane Prozesse bezeichnet. Zustand II stellt dagegen von selbst ein, es handelt sich daher um einem spontanen Vorgang. Was unterscheidet nun die Zustände II, III und IV, wenn nicht deren Energieinhalt? Offensichtlich ist es der Ordnungsgrad: Zustand II ist weniger geordnet, hat einen niedrigeren Ordnungsgrad, während alle anderen Zustände geordneter sind. Die Natur strebt offensichtlich von selbst zu größerer Unordnung. Das ist im Wesentlichen die Aussage der Zweiten Hauptsatzes, eine mögliche Formulierung lautet:

„Vorgänge laufen nur dann spontan (freiwillig) ab, wenn sich die Unordnung erhöht.“

Diese Erkenntnis ist insofern erstaunlich, da sich der Energieinhalt dabei nicht ändern muss. Warum bevorzugt die Natur also die Unordnung? Ein formaler Ansatz zur Begründung ist der, dass es viel mehr Möglichkeiten der Unordnung als der Ordnung gibt. Das lässt sich an einem (zugegeben nicht sehr chemischen)

Beispiel einfach zeigen: Um aus den Buchstaben U, N O, R, D, N, U, N und G das Wort „Unordnung" zu bilden gibt es genau eine Möglichkeit. Jede andere der 30240 möglichen Kombinationen[2] dieser Buchstaben führt zu… was auch immer. Der zweite Hauptsatz ist aus mathematischer Sicht schlicht das Ergebnis einer Wahrscheinlichkeitsrechnung.

4.1 Entropie

Zum zweiten Hauptsatz kommt man auch, wenn man berücksichtigt, daß man zwar Arbeit oder Energie vollständig in Wärmeenergie umwandeln kann, Wärmeenergie aber nie vollständig in eine der anderen Energie- oder Arbeitsformen. Das ist zum Beispiel bei exothermen Reaktionen zu sehen: Die frei werdende Wärme erhöht die Temperatur, also die kinetische Energie des Systems oder der Umgebung. Höhere kinetische Energie bedeutet aber höhere Unordnung. Als (messbares) Maß für diese Unordnung wurde der Begriff der Entropie eingeführt.

Die Entropie, genauer gesagt die Entropieänderung, eines Systems hängt von der zugeführten Wärme und der dabei herrschenden Temperatur ab:

$$\Delta S = \frac{\Delta Q}{T}$$

Was bedeutet dieser Zusammenhang? Angenommen, bei einer exothermen Reaktion wird die Wärmemenge Q frei. Wenn diese Wärmemenge bei hoher Temperatur anfällt, wird dadurch eine bestimmte Entropieänderung verursacht. Fällt die gleiche Wärmemenge bei einer tieferen Temperatur an, so ist die dadurch verursachte Entropieänderung höher:

$$\Delta S_{tiefe\,Temperatur} > \Delta S_{hohe\,Temperatur}$$

Demzufolge sollten exotherme Reaktionen bei tiefer Temperatur besser[3] ablaufen als bei hohen Temperaturen. Das steht im Einklang mit allen bisher durchgeführten Experimenten und kann somit als Erkenntnis, die zumindest nicht

[2] Mögliche Kombinationen = $9!/(2!\cdot 3!) = 362880/2\cdot 6 = 30240$ (Die Buchstaben U und N kommen zwei bzw. drei mal vor, es ist aber nicht unterscheidbar, welches N an welcher Stelle steht, daher muss durch $2!\cdot 3! = 12$ geteilt werden.)

[3] „Besser" bedeutet hier „mit höherem" Gleichgewichtsumsatz (mehr dazu später), aber nicht „schneller": Die Geschwindigkeit einer Reaktion steigt mit der Temperatur.

nicht grob falsch ist, festgehalten werden. Daher lässt sich der Zweite Hauptsatz auch so formulieren:

„In einem geschlossenen System nimmt die Entropie niemals ab.“

Das ist im Prinzip nichts anderes als die Formulierung weiter oben, aber der nicht immer leicht zu fassende Begriff „Unordnung“ wurde durch die messbare Größe Entropie ersetzt. Das erhöht nicht unbedingt das intuitive Verständnis, liefert aber eine Größe, mit der sich viel besser arbeiten lässt.

4.2 Nullpunktsentropie und Standardentropie

Die Standardentropie eines chemischen Stoffes ist die Entropie dieses Stoffes unter Standardbedingungen. Bezieht man ihren Wert auf die Stoffmenge von einem Mol, spricht man auch von der molaren Standardentropie. Das klingt eigentlich genauso wie weiter oben die Definition der Standardenthalpie. Dass die Entropie genauso wie die Enthalpie mit steigender Temperatur zunimmt ist intuitiv wenig verwunderlich. Es gibt aber einen wesentlichen Unterschied: Auch am absoluten Nullpunkt ist die Enthalpie nicht Null, die Entropie aber schon. (Wobei das strenggenommen erst Inhalt des Dritten Hauptsatzes ist, der weiter hinten noch besprochen wird.

Wir erinnern uns: Die Entropie lässt sich als Maß für die Unordnung in einem System interpretieren. In einem Gas ist die Unordnung sicherlich hoch, da sich die Gasteilchen in ständiger, ungeordneter Bewegung befinden. Kondensiert dieses Gas, wird die Unordnung geringer, da die Bewegung nachlässt. Reduziert man die Temperatur unter den Gefrierpunkt, bewegen sich die Teilchen nur noch wenig und am absoluten Nullpunkt ist jede Bewegung zum Stillstand gekommen. Die Unordnung ist minimal und die Entropie kann den Wert Null annehmen. Diese Entropie wird als Nullpunktsentropie bezeichnet (vgl. Abb. 4.2).
Dagegen könnte man gleich auf zwei Arten argumentieren: Würden alle Teilchen mit einer Nummer versehen, der Stoff mehrfach aufgeschmolzen und wieder bis auf Null Kelvin eingefroren, wird sich doch bestimmt nicht jedes Teilchen an dem Ort befinden, an dem es vorher war. Das ist richtig. Aber: Die Teilchen haben keine Nummern. Und auch sonst kein Unterscheidungsmerkmal. Was aber durchaus passieren kann (und auch mit ziemlicher Sicherheit passieren wird):

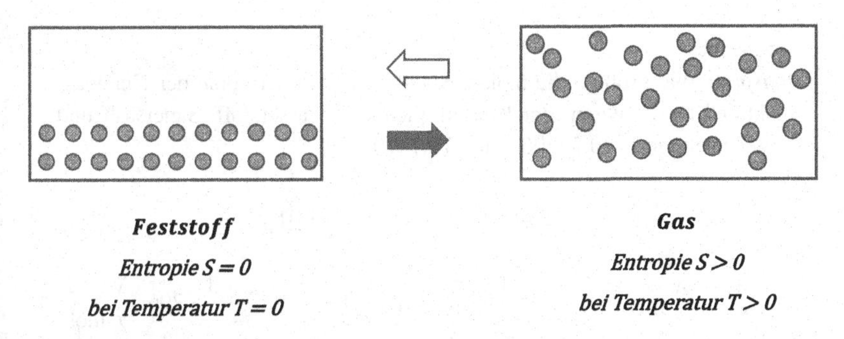

Abb. 4.2 Entropie bzw. Ordnungsgrad von Feststoffen bei $T = 0$ K und von Gasen

Es kommt immer wieder zu „Stapelfehlern" beim Anordnen der Teilchen während des Gefrierens. Daher ist die Entropie nur dann Null, wenn die Temperatur gleich Null Kelvin beträgt und der Feststoff perfekt (ideal) erstarrt ist. Das ist nun aber „nur" ein praktisches Problem und kein prinzipielles – vergleichbar mit der reversiblen und der irreversiblen Kompression.

Den absoluten Nullpunkt zu erreichen ist für die Praxis genauso wenig relevant wie die Herstellung eines perfekt kristallisierten Feststoffs möglich ist, deswegen genügt hier die Erkenntnis: molare Standardentropien besitzen absolute Werte, molare Standardenthalpien aber nicht.

4.3 Reaktionsentropie

Entropien gibt es, wie auch Enthalpien, wie Sand am Meer, jeder Vorgang ist von einer Entropieänderung begleitet und eine vollständige Aufzählung wäre weder sinnvoll noch möglich. Um eine der eingangs gestellten Frage zu beantworten („wird es reagieren?"), beschränken wir uns daher in diesem Kapitel auf die Reaktionsentropie. Die ist schnell berechnet, denn sie lässt sich (analog zur Reaktionsenthalpie) aus der Summe der Entropien aller Reaktionsteilnehmer bestimmen:

$$\Delta_R S_m^0 = \sum_{i=1}^{n} \upsilon_i \cdot S_{m,i}^0$$

Übersicht

Beispiel: Wie groß ist die molare Standardreaktionsentropie der Knallgasreaktion? Die molaren Standardentropien von Wasserstoff, Sauerstoff und Wasser betragen 130,7, 206,3 und 70,1 J/(mol·K).

$$H_2(g) + {}^1\!/_2\ O_2(g) \rightarrow H_2O\ (l)$$

$$\Delta_R S_m^0 = S_{m,H_2O}^0 - S_{m,H_2}^0 - \frac{1}{2} S_{m,O2}^0 = \left(70,1 - 130,7 - \frac{1}{2} \cdot 206.3\right) \frac{J}{mol \cdot K}$$
$$= -164 \frac{J}{mol \cdot K}$$

Die Berechnung der Reaktionsentropie der Knallgasreaktion ist zwar einfach, das Ergebnis könnte aber etwas stutzig machen: Eine negative Reaktionsentropie? Dann nimmt doch die Entropie ab? Kann das sein? Durchaus, denn: Wasserstoff und Sauerstoff sind bei Standardbedingungen Gase, Wasser aber eine Flüssigkeit. Nach dem oben Gesagten haben Gase einen höheren Grand an Unordnung als Flüssigkeiten, daher macht es durchaus Sinn, dass die Entropie abnimmt, wenn aus zwei Gasen eine Flüssigkeit entsteht.

4.4 Enthalpie und Freie Enthalpie

Auf den ersten Blick scheint die Welt des Thermodynamikers, zumindest aus chemischer Sicht, in Ordnung: Extotherme Reaktionen laufen freiwillig ab und dabei erhöht sich (zumindest meistens) die Entropie.

Bis zum Ende des 19. Jahrhunderts war das auch der Fall. Dummerweise hat man irgendwann entdeckt, dass es auch endotherme Reaktionen gibt, die freiwillig ablaufen, hier ein paar Beispiele:

- Bei Lösen von Glaubersalz (Natriumsulfat) in Wasser kühlt die Lösung ab[4].
- Beim Schmelzen eines Eisblockes wird Wärme zur Phasenumwandlung von fest zu flüssig benötigt. Diese Wärmenergie wird dem umgebenden Wasser entnommen Die Temperatur des beim Schmelzen erzeugten Wassers steigt aber

[4] Das kann jeder selbst ausprobieren: Glaubersalz ist in Drogerien und Apotheken frei erhältlich.

nicht, obgleich Wärme von der Umgebung zugeführt wird. Grund: Die Unordnung, die Entropie der Moleküle ist im flüssigen Zustand größer als im festen Zustand.

Im vorherigen Kapitel hatten wir eine Reaktion, bei welcher die Entropie des Systems Wasserstoff/Sauerstoff/Wasser abnimmt. Das macht zwar irgendwie Sinn, scheint aber auch irgendwie seltsam. Immerhin wurde weiter oben behauptet:

> „Vorgänge laufen nur dann spontan (freiwillig) ab, wenn sich die Unordnung erhöht."

Schauen wir uns die Sache einmal etwas genauer an. Angenommen, die Reaktion findet in einem Behälter statt. Dann bezieht sich die oben berechnete Entropieänderung nur auf die Reaktionsteilnehmer, aber nicht auf den Behälter. Der Behälter ist formal nicht Teil des Systems, sondern stellt die Umgebung dar. Zur Erinnerung: Ein System ist der Teil der Universums, den wir willkürlich als „interessant" betrachten. Damit ist natürlich nicht der physikalische Kontakt zwischen System und Umgebung unterbrochen. Die Formulierungen des Zweiten Hauptsatzes sind also richtig, die Ungenauigkeit bestand in der Definition des verwendeten Bilanzraums: Relevant ist die Änderung der *Gesamt*entropie, die sich aus der Entropieänderung des *Systems* und der Entropieänderung der *Umgebung* zusammensetzt. Für eine chemische Reaktion bedeutet das:

$$\Delta_R S^0_{gesamt} = \Delta_R S^0_{Umgebung} + \Delta_R S^0_{System}$$

Die Entropie wurde weiter oben schon definiert als

$$\Delta S = \frac{\Delta Q}{T}$$

Die Wärmetönung bei einer isobar ablaufenden Reaktion entspricht der Reaktionsenthalpie und kann zum Beispiel mit einem Kalorimeter gemessen werden[5].

$$-\Delta_R H = T \cdot \Delta_R S_{Umgebung}$$

[5] Genauer: In einem isobar arbeitenden Kalorimeter. Wird ein isochor arbeitenden Kalorimeter verwendet, erhält man die Reaktionsenergie, die aber einfach in die Reaktionsenthalpie umgerechnet werden kann.

Das negative Vorzeichen ergibt sich, da die Reaktionsenthalpie im System anfällt und an die Umgebung abgegeben wird. Diese Formel verknüpft nun den Ersten mit dem Zweiten Hauptsatz. Schauen wir uns den zum Ersten Hauptsatz gehörenden Teil etwas genauer an: Das Reaktionsgemisch hat vor Ablauf der Reaktion einen definierten Energieinhalt, nämlich die innere Energie bzw. Enthalpie (bei isobarem Ablauf). Damit sich chemische Bindungen bilden (was bei der Bildung neuer Stoffe der Fall ist), muss dieser Energievorrat „angezapft" werden (die „neuen" Bindungen enthalten weniger Energie als die „alten"). Die Differenz zwischen dem Energievorrat vor und nach der Reaktion steht also zur Bindungsbildung zur Verfügung und wird daher als freie Enthalpie bzw. freie Reaktionsenthalpie bezeichnet:

$$-\Delta_R G = T \cdot \Delta_R S_{gesamt}$$

Der Unterschied zwischen der Enthalpie und der freien Enthalpie in Bezug auf die Entropie besteht nun darin, dass sich erstere auf die Entropieänderung der *Umgebung* und die zweite auf die Änderung der Gesamt*entropie* bezieht. Da die Reaktion aber im System und nicht in der Umgebung stattfindet, interessiert uns primär die Energieänderung des Systems. Dazu wird der Ansatz zur Berechnung der Änderung der Gesamtentropie

$$\Delta_R S^0_{gesamt} = \Delta_R S^0_{Umgebung} + \Delta_R S^0_{System}$$

einfach mit der Temperatur multipliziert:

$$T \cdot \Delta_R S^0_{gesamt} = T \cdot \Delta_R S^0_{Umgebung} + T \cdot \Delta_R S^0_{System}$$

Jetzt werden die richtigen Entropieterme durch Enthalpie und freie Enthalpie ersetzt und es folgt

$$-\Delta_R G = -\Delta_R H + T \cdot \Delta_R S^0_{System}$$

bzw., damit das Ganze etwas ansprechender aussieht:

$$\Delta_R G = \Delta_R H - T \cdot \Delta_R S^0_{System}$$

Dieser Zusammenhang wird als GIBBS-HELMHOLTZ-Gleichung bezeichnet (womit auch gleich eine Eselsbrücke für die Reihenfolge der Buchstaben geliefert wird...) und ist eine der wohl wichtigsten Gleichungen der chemischen Thermodynamik – mehr dazu gleich.

4.5 Exergone und endergone Vorgänge

Weiter vorne wurden bereits exotherme und endotherme Vorgänge im Energiediagramm dargestellt. Bei exothermen Vorgängen ist der Enthalpieinhalt der Produkte geringer als derjenige der Edukte. Wie mittlerweile ebenfalls gezeigt wurde, ist die Einteilung in exotherm und endotherm, also die Unterscheidung anhand des Vorzeichen der Reaktionsenthalpie nicht geeignet, um den spontanen Ablauf chemischer Reaktionen zu begründen. Hierzu wird die *freie* Reaktionsenthalpie benötigt. Um beide sprachlich zu unterscheiden, aber auch auf den Zusammenhang beider Größen durch die GIBBS-HELMHOLTZ-Gleichung hinzuweisen, werden Reaktionen mit negativer freier Reaktionsenthalpie als *exergon,* solche mit positiver freier Reaktionsenthalpie als *endergon* gezeichnet (vgl. Abb. 4.3). In der Abbildung sind exergone und endergone Vorgänge im Energiediagramm dargestellt. In beiden Fällen ergibt sich die freie Enthalpie mittels GIBBS-HELMHOLTZ

$$\Delta_R G = \Delta_R H - T \cdot \Delta_R S^0_{System}$$

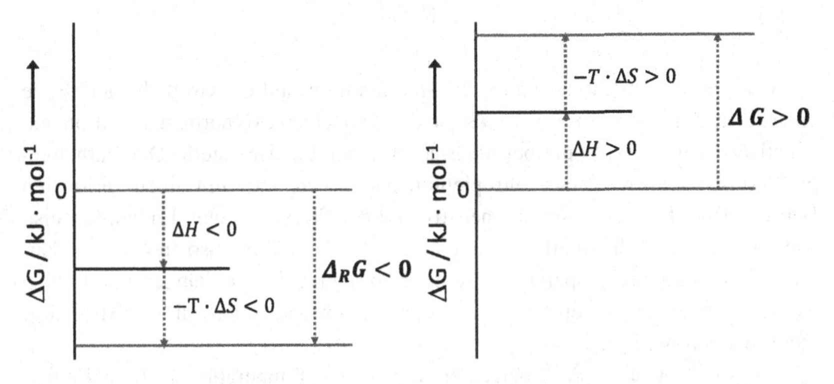

Abb. 4.3 Exergone (links) und endergone Vorgänge (rechts) im Energiediagramm

jeweils aus der Enthalpie und dem Entropieterm. Wie bereits gezeigt, ist die Enthalpie nur schwach temperaturanhängig und kann als weitgehend konstant angenommen werden. Im linken Teil der Abbildung ist die Enthalpie bei jeder Temperatur negativ. Die Entropie ist positiv, daher liefert

$$-T \cdot \Delta_R S^0_{System}$$

einen mit steigender Temperatur zunehmenden, aber immer negativen Wert. Unabhängig von der Temperatur kann also die freie Entropie niemals positiv werden und die Reaktion kann immer ablaufen.
Im rechten Teil der Abbildung ist es gerade umgekehrt und die Reaktion kann bei keiner Temperatur freiwillig ablaufen. Für solche Reaktionen würde also auch das (veraltete) Kriterium zutreffen, wonach exotherme Reaktionen freiwillig ablaufen.

4.6 Temperaturabhängigkeit der freien Enthalpie

Gilt das eben gesagte immer? Leider nein: Es gilt nur dann, wenn beide Terme das gleiche Vorzeichen haben:

ΔH	ΔS	$-T \cdot \Delta S$	ΔG
Negativ	Positiv	Negativ	Immer negativ
Positiv	Negativ	Positiv	Immer positiv
Negativ	Negativ	Positiv	?
Positiv	Positiv	Negativ	?

Was, wenn das nicht der Fall ist? Dann kommt es auf die Größe beider Terme an, wie in Abb. 4.4 gezeigt. Links ist der Fall einer exothermen Reaktion mit negativer Reaktionsentropie bei niedriger Temperatur dargestellt. Der Enthalpiepfeil weist nach unten, der Entropiepfeil nach oben, aber um einen geringeren Betrag. Daher bleibt die Summe negativ und der Pfeil der freien Enthalpie weist, wie auch der Enthalpiepfeil nach unten, die Reaktion kann also freiwillig ablaufen. Erhöht man die Temperatur, wird der Entropiepfeil immer länger und sorgt so dafür, dass irgendwann eine positive freie Enthalpie resultiert, die Reaktion also nicht mehr freiwillig ablaufen kann.

Das bedeutet auch, dass bei einer irgendeiner Temperatur die freie Enthalpie den Wert Null annimmt. Was passiert in diesem Fall? Als Beispiel soll

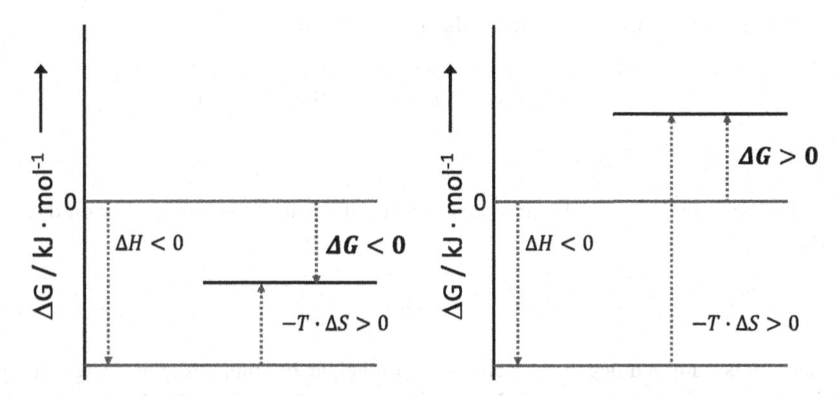

Abb. 4.4 Temperaturabhängigkeit der freien Enthalpie bei einer exothermen Reaktion mit positiver Reaktionsentropie

die Reaktion von Ammoniak mit Chlorwasserstoff zu Ammoniumchlorid dienen. Diese lässt sich einfach durchführen: Aus Ammoniakwasser (der Lösung von Ammoniak in Wasser) bildet sich Ammoniakgas, aus Salzsäure (der Lösung von Chlorwasserstoff in Wasser) wird Chlorwasserstoff freigesetzt. Es genügt, eine Flasche mit Ammoniakwasser und eine mit Salzsäure offen nebeneinander zu stellen; die Bildung von Ammoniumchlorid lässt sich ohne weitere Hilfsmittel beobachten:

$$NH_3\ (g)\ + HCl\ (g) \rightarrow NH_4Cl\ (s)\ \Delta_R G_m^0 < 0$$

Dass die Reaktion freiwillig abläuft, lässt direkt den Schluss zu, dass die Reaktion bei Raumtemperatur exergon ist. Über die absoluten Werte der Reaktionsenthalpie und der Reaktionsentropie lassen sich zwar nur bedingt Aussagen treffen: Wegen

$$\Delta_R G = \Delta_R H - T \cdot \Delta_R S$$

kann aber zumindest festgestellt werde, dass die Kombination aus positiver Enthalpie und negativer Entropie nicht in Frage kommt. Eine kleine Rechnung lässt sich daher vermeiden. Die Reaktionsenthalpie beträgt:

$$\begin{aligned}\Delta_R H_m^0 &= \Delta_{Bild} H_{\mathrm{NH_4Cl}}^0 - \Delta_{Bild} H_{\mathrm{NH_3}}^0 - \Delta_{Bild} H_{\mathrm{HCl}}^0 = (-314{,}6 + 46{,}1 + 92{,}0)\,\frac{\mathrm{kJ}}{\mathrm{mol}}\\ &= -176{,}5\,\frac{\mathrm{kJ}}{\mathrm{mol}}\end{aligned}$$

Für die Reaktionsentropie liefert die analoge Rechnung

$$\Delta_R S_m = \Delta_{Bild} S_{NH_4Cl} - \Delta_{Bild} S_{NH_3} - \Delta_{Bild} S_{HCl} = (+94{,}6 - 192{,}2 - 187{,}0)\,\frac{J}{mol \cdot K}$$
$$= -284{,}6\,\frac{J}{mol \cdot K}$$

Die freie Enthalpie ist bei Raumtemperatur also nur deshalb negativ, weil das Produkt

$$T \cdot \Delta_R S$$

zu klein ist, um den negativen Beitrag der Enthalpie zu kompensieren. Steigt die Temperatur, wird die freie Enthalpie irgendwann positiv und die Reaktion endergon. Das ist bei exothermen Reaktionen sehr häufig der Fall und auch Grund für die Regel, dass exotherme Reaktionen bei tiefen Temperaturen besonders „gut“ ablaufen[6], genauer gesagt: Exotherme Reaktionen mit negativer Reaktionsentropie laufen bei „tiefen“ Temperaturen freiwillig ab, bei genügend hohen Temperaturen werden sie früher oder später endergon. Bei endothermen Reaktionen mit positiver Reaktionsentropie ist es gerade umgekehrt: Sie laufen bei „hohen“ Temperaturen freiwillig ab.

ΔH	ΔS	$-T \cdot \Delta S$	ΔG
Negativ	Positiv	Negativ	Immer negativ
Positiv	Negativ	Positiv	Immer positiv
Negativ	Negativ	Positiv	Negativ bei „niedriger“ Temperatur
			Positiv bei „hoher“ Temperatur
Positiv	Positiv	Negativ	Positiv bei „niedriger“ Temperatur
			Negativ bei „hoher“ Temperatur

Diese Überlegungen provozieren eventuell die Frage: Und was passiert mit einem einmal gebildeten Produkt, wenn die Temperatur steigt? Die Antwort ist einfach: Wird die freie Enthalpie der Bildungsreaktion (der „Hinreaktion“) positiv, bedeutet das, dass die freie Enthalpie der Zersetzungsreaktion (der „Rückreaktion“) negativ wird. Also zersetzt sich das Produkt wieder. Das passiert auch mit dem gerade hergestellten Ammoniumchlorid:

---

[6] „Gut“ im Sinne einer Gleichgewichtslage auf Seite der Produkte, nicht im Sinne von „schnell“.

Übersicht

Beispiel: Ab welcher Temperatur wird die Bildung von Ammoniumchlorid aus Ammoniak und Chlorwasserstoff endergon?

$$NH_3 + HCl \rightarrow NH_4Cl$$

Die Daten für Reaktionsenthalpie und Reaktionsentropie wurden bereits zu

$$\Delta_R H_m^0 = -176{,}5\,\frac{\text{kJ}}{\text{mol}}$$

und

$$\Delta_R S_m = -284{,}6\,\frac{\text{J}}{\text{mol}\cdot\text{K}}$$

berechnet. Die Bildung von Ammoniumchlorid ist nicht mehr exergon, wenn

$$\Delta_R G = \Delta_R H - T \cdot \Delta_R S = 0$$

wird, was ab einer Temperatur von

$$T = \frac{\Delta_R H}{\Delta_R S} = \frac{-176{,}5\,\text{kJ}\cdot\text{mol}^{-1}}{-294{,}6\,\text{J}\cdot\text{mol}^{-1}\cdot\text{K}^{-1}} = 620\,\text{K}\left(347\,^{\circ}\text{C}\right)$$

der Fall ist. Noch ein kleiner Hinweis: Zur Vereinfachung der Rechnung wurde hier die Enthalpie als konstant angenommen. Wie weiter vorne gezeigt, führt das nur zu geringen (und daher vernachlässigten) Abweichungen.

4.7 Konzentrationsabhängigkeit der freien Enthalpie

Die Temperaturabhängigkeit der freien Enthalpie ergibt sich aus der nun schon häufiger verwendeten Beziehung

$$\Delta_R G = \Delta_R H - T \cdot \Delta_R S$$

Und wie schaut es mit der Zusammensetzung aus? Muss ich meine Komponenten gemäß der Reaktionsgleichung im passenden Verhältnis mischen? Oder reagiert bei Vorliegen einer Komponente im Überschuss einfach der Teil ab, der einen Reaktionspartner findet und der Rest bleibt einsam und alleine zurück? Nun... Das ist nicht ganz so einfach zu beantworten. Als Einstieg soll wieder eine Beispielreaktion helfen:

$$N_2O_4(g) \rightleftharpoons 2\ NO_2\ (g)\ \Delta_R G_m^0 = \text{“klein”}$$

Beide Gase liegen bei Raumtemperatur im Gleichgewicht vor, da die freie Reaktionsenthalpie „klein“ ist, also weder die Hin- noch die Rückrektion besonders bevorzugt sind. Natürlich könnte man versuchen, die Reaktion durch Ändern der Temperatur in die eine oder andere Richtung zu steuern, aber darum soll es hier ja nicht gehen. Fragen wir uns also, ob und wie die Lage des Gleichgewichts von der Zusammensetzung abhängt. Gehen wir daher zunächst einen Schritt zurück. So, wie die Reaktion eine (freie) Reaktionsenthalpie aufweist, besitzen beide Gase natürlich auch eine (freie) Bildungsenthalpie (der genaue Wert spielt hier keine Rolle).

$$N_2 + 2\ O_2\ (g) \rightleftharpoons N_2O_4(g)\ \Delta_B G^0_{N_2O_4}$$
$$N_2 + 2\ O_2\ (g) \rightleftharpoons N_2O_4(g)\Delta_B G^0_{NO_2}$$

Wie weiter vorne schon dargelegt, tritt bei Reaktionen unter Beteiligung von Gasen meist Volumenarbeit auf. Je nach Art der Prozessführung kann diese irreversibel

$$W_{irrev} = -n \cdot R \cdot T$$

oder reversibel

$$W_{rev} = -n \cdot R \cdot T \cdot \ln K \frac{V_E}{V_A}$$

Werden Gase komprimiert oder lässt man sie expandieren, ändert sich der Druck. Mithilfe der idealen Gasgleichung

$$p \cdot V = n \cdot R \cdot T \Rightarrow p = \frac{n \cdot R \cdot T}{V}$$

erhalten wir[7]

$$W_{rev} = -n \cdot R \cdot T \cdot \ln \frac{p_A}{p_E} = n \cdot R \cdot T \cdot \ln \frac{p_E}{p_A}$$

Der Druck jeder Komponente kann maximal dem Gesamtdruck entsprechen und auch das natürlich nur dann, wenn ihr Anteil 100 % beträgt. Als Anteil wird der Stoffmengenanteil verwendet, der dem Quotienten aus der Stoffmenge einer Komponente und der Summe der Stoffmengen aller Komponenten entspricht.

$$x_i = \frac{n_i}{n_{ges}} = \frac{p_i}{p_{ges}}$$

Warum wird nun die überhaupt die reversible Arbeit betrachtet? Einfach deswegen, weil (wie sich experimentell einfach zeigen lässt) die Gleichgewichtseinstellung auch reversibel ist[8].
Für das oben aufgeführte Beispiel ergibt sich somit für die Bestandteile der Mischung:

$$W_{rev,\mathrm{N_2O_4}} = -n \cdot R \cdot T \cdot \ln x_{\mathrm{N_2O_4}} \text{ und } W_{rev,\mathrm{NO_2}} = -n \cdot R \cdot T \cdot \ln x_{\mathrm{NO_2}}$$

Da in einer Mischung der Anteil einer Komponente immer weniger als 100 % beträgt, muss seine freie Bildungsenthalpie um diesen Anteil korrigiert werden. Mit

$$\Delta G_m^0 = \Delta G_{m,Bild}^0 + W_{rev} = \Delta G_{m,Bild}^0 + R \cdot T \cdot \ln x_i$$

ergeben sich die freien Enthalpien der beiden Komponenten zu

$$\Delta G_{m,\mathrm{N_2O_4}}^0 = \Delta G_{m,Bild,\mathrm{N_2O_4}}^0 + R \cdot T \Delta \ln x_{\mathrm{N_2O_4}}$$

$$\Delta G_{m,\mathrm{NO_2}}^0 = \Delta G_{m,Bild,\mathrm{NO_2}}^0 + R \cdot T \cdot \ln x_{\mathrm{NO_2}}$$

und die freie Reaktionsenthalpie zu

$$\Delta_R G_m = 2 \cdot \Delta G_{m,Bild,\mathrm{NO_2}}^0 + 2 \cdot R \cdot T \cdot \ln x_{\mathrm{NO_2}} - \Delta G_{m,Bild,\mathrm{N_2O_4}}^0 - R \cdot T \cdot \ln x_{\mathrm{N_2O_4}}$$

[7] Das gilt natürlich nur dann, wenn sich das Gas ideal verhält.
[8] Das ist natürlich keine physikalisch–chemisch „saubere" Begründung, aber sie führt hier zum richtigen Ergebnis.

Hier fehlt nun der Index „0“, da die freie Enthalpie in *Abhängigkeit von der Zusammensetzung* untersucht werden soll. Prinzipiell könnte man es dabei belassen, aber wenn wir schon mal am Rechnen sind, bieten sich einige Umformungen an. Zunächst werden die Terme der freien Enthalpie und die Terme der Stoffmengenanteile umgeordnet

$$\Delta_R G_m = 2 \cdot \Delta G^0_{m,Bild,NO_2} - \Delta G^0_{m,Bild,N_2O_4} + 2 \cdot R \cdot T \cdot \ln x_{NO_2} - R \cdot T \cdot \ln x_{N_2O_4}$$

und zusammengefasst:

$$\Delta_R G_m = \Delta_R G^0_m + R \cdot T \cdot (2 \cdot \ln x_{NO_2} - \ln x_{N_2O_4}) = \Delta_R G^0_m + R \cdot T \cdot \ln K \frac{x^2_{NO_2}}{x_{N_2O_4}}$$

Mit dieser Beziehung lässt sich nun die freie Reaktionsenthalpie in Abhängigkeit von der Zusammensetzung einer Mischung berechnen.

Übersicht

Beispiel: Die molaren freien Standardbildungsenthalpien von N_2O_4 und von NO_2 betragen −992,3 kJ/mol und −1986,3 kJ/mol. Wie groß ist die molare freie Standardreaktionsenthalpie, wenn der Umsatz an N_2O_4 10 % beträgt?

$$N_2O_4(g) \rightleftharpoons 2NO_2(g)$$

Bezogen auf 1 mol bedeutet ein Umsatz von 10 %, dass von einem (ursprünglich vorhandenen) mol N_2O_4 noch 0,90 mol vorhanden sind. Aus der Reaktionsgleichung ergibt sich, dass daraus 0,20 mol NO_2 entstehen.

Die Stoffmengenanteile der beiden Reaktionspartner betragen

$$x_{N_2O_4} = \frac{n_{N_2O_4}}{n_{N_2O_4} + n_{NO_2}} = \frac{0,90}{0,90 + 0,20} = 0,\overline{81}$$

und

$$x_{NO_2} = \frac{n_{NO_2}}{n_{N_2O_4} + n_{NO_2}} = \frac{0,20}{0,90 + 0,20} = 0,\overline{18}$$

Die oben aufgestellte Gleichung liefert als Ergebnis für die molare freie Standardreaktionsenthalpie

$$\Delta_R G_m = \Delta_R G_m^0 + R \cdot T \cdot \ln \frac{x_{NO_2}^2}{x_{N_2O_4}}$$

$$= (2 \cdot (-992{,}3) - (-1986{,}3))\,\frac{\text{kJ}}{\text{mol}} + 8{,}314\,\frac{\text{J}}{\text{mol} \cdot \text{K}} \cdot 298{,}15\,\text{K} \cdot \ln K\,\frac{0{,}\overline{18}^2}{0{,}\overline{81}}$$

$$= -6{,}2\,\frac{\text{kJ}}{\text{mol}}$$

Die Reaktion ist also leicht exergon und kann freiwillig ablaufen.

Was bedeutet es nun allgemein für den Ablauf chemischer Reaktionen? Wie gerade gezeigt, hängt die freie Enthalpie (auch) von der Zusammensetzung ab. Eine Reaktion kann spontan ablaufen, wenn diese negativ ist. Wie negativ sie ist, hängt von der Zusammensetzung ab: Während der Reaktion reagieren Edukte ab und tragen daher weniger zur freien Enthalpie bei. Bei einer bestimmten Zusammensetzung ist ihr Anteil so gering, dass die freie Enthalpie der Reaktion der Wert Null annimmt. Das war es dann: Die Reaktion kommt zum Stillstand.
Dieser Zusammenhang ist in Abb. 4.5 im linken Teil und in der Mitte dargestellt. Ob man die Reaktion von Seiten der Edukte oder von Seiten der Edukte ablaufen lässt, ist dabei egal: es reicht, wenn bei irgendeiner Mischung die Änderung der freien Enthalpie Null wird, um die Reaktion zum Stillstand zu bringen. Dieser Fall wird als Thermodynamisches Gleichgewicht bezeichnet und die Reaktion als Gleichgewichtsreaktion. Je nach Standpunkt kann man sagen, dass dies bei allen Reaktionen der Fall ist. Es kann jedoch sein, dass die Zusammensetzung, bei welcher die freie Enthalpie den Wert Null annimmt, erst bei (fast) vollständigem Umsatz der Fall ist. In diesem Fall spricht man von vollständig oder stöchiometrisch ablaufenden Reaktionen.

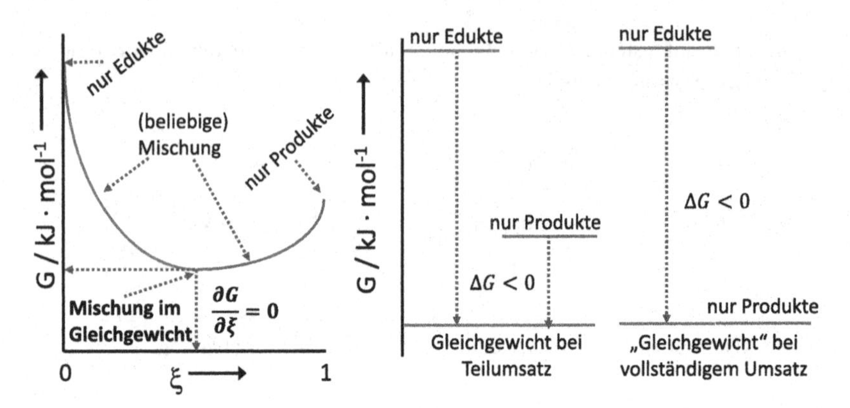

Abb. 4.5 Änderung der freien Enthalpie im Verlauf einer Reaktion (links), einer Gleichgewichtsreaktion (Mitte) und einer vollständig ablaufenden Reaktion (rechts) im Energiediagramm

4.8 Gleichgewichtskonstante

Oben wurde für das System N_2O_4/NO_2 die molare freie Standardreaktionsenthalpie in Abhängigkeit von der Zusammensetzung berechnet:

$$\Delta_R G_m = \Delta_R G_m^0 + R \cdot T \cdot (2 \cdot \ln x_{NO_2} - \ln x_{N_2O_4}) = \Delta_R G_m^0 + R \cdot T \cdot \ln K \frac{x_{NO_2}^2}{x_{N_2O_4}}$$

Die zugrunde liegende Reaktion hierfür lautet

$$N_2O_4(g) \rightleftharpoons 2NO_2(g).$$

Für eine allgemeine Reaktion

$$aA + bB \rightleftharpoons cD + dD$$

lautet der Ansatz

$$\Delta_R G_m = \Delta_R G_m^0 + R \cdot T \cdot \ln K \frac{x_C^c \cdot x_D^d}{x_A^a \cdot x_B^b}$$

Dabei stehen Produkte im Zähler und Edukte im Nenner des Logarithmus; der Stoffmengenanteil jeder Komponente wird mit ihrem jeweiligen stöchiometrischen Faktor potenziert. Der logarithmische Ausdruck wird meist als Gleichgewichtskonstante K bezeichnet. Mit

$$\ln K \frac{x_C^c \cdot x_D^d}{x_A^a \cdot x_B^b} = K$$

folgt

$$\Delta_R G_m = \Delta_R G_m^0 + R \cdot T \cdot \ln K$$

Bisher ist das eigentlich nichts Neues, sondern nur eine andere Form der Gleichung aus dem vorhergehenden Kapitel. Dabei hatte sich gezeigt, dass im Gleichgewicht die Änderung der freien Enthalpie den Wert Null annimmt, d. h.

$$\Delta_R G_m = \Delta_R G_m^0 + R \cdot T \cdot \ln K = 0$$

bzw.

$$\Delta_R G_m^0 = -R \cdot T \cdot \ln K$$

oder auch:

$$\ln K = -\frac{\Delta_R G_m^0}{R \cdot T}$$

Mit Hilfe dieser Variante drehen wir nun den Spieß aus dem letzten Kapitel um: Wurde dort die freie Enthalpie aus der (Gleichgewichts)Zusammensetzung berechnet, berechnen wir nun aus der freien Enthalpie die Gleichgewichtskonstante. Und als „Nebenprodukt" lässt sich aus der Gleichgewichtskonstante der maximal erreichbare Umsatz berechnen.

Übersicht

Beispiel: Die molaren freien Standardbildungsenthalpien von N_2O_4 und von NO_2 betragen −992,3 kJ/mol und −1986,3 kJ/mol. Wie groß ist die Gleichgewichtskonstante für die Dimerisierungsrekation bei 25,0 °C und welcher Gleichgewichtsumsatz ergibt sich daraus?

$$2\,NO_2(g) \rightleftharpoons N_2O_4(g).$$

Zunächst wird die Gleichgewichtskonstante K berechnet:

$$\ln K = -\frac{\Delta_R G_m^0}{R \cdot T} = \frac{((-1986,3)-2\cdot(-992,3))\,\text{kJ}\cdot\text{mol}^{-1}}{8,314\,\text{J}\cdot\text{mol}^{-1}\cdot\text{K}^{-1}\cdot 298,15\,\text{K}} = -0,68581$$

$$K = e^{\ln K} = e^{-0,68581} = 0,50368$$

Unter Berücksichtigung der stöchiometrischen Koeffizienten lautet die Gleichgewichtskonstante

$$K = \frac{x_{N_2O_4}}{x_{NO_2}^2}.$$

Die Summe der Stoffmengenanteile beider Komponenten ist

$$x_{N_2O_4} + x_{NO_2} = 1,$$

damit folgt für die Gleichgewichtskonstante

$$K = \frac{1 - x_{NO_2}}{x_{NO_2}^2}.$$

Umgestellt ergibt sich für den Stoffmengenanteil an NO_2 im Gleichgewicht

$$x_{NO_2} = \frac{\sqrt{1+4\cdot K} - 1}{2\cdot K} = \frac{\sqrt{1+4\cdot 0,50368} - 1}{2\cdot 0,50368} = 0,731$$

und für den Anteil an N_2O_4

$$x_{N_2O_4} = 1 - x_{NO_2} = 1 - 0,731 = 0,269$$

Das Beispiel zeigt den praktischen Nutzen der Gleichung: Kennt man die freie Enthalpie einer Reaktion, so lässt daraus die Gleichgewichtskonstante berechnen und man erkennt auf den ersten Blick, ob die Reaktion in die gewünschte Richtung abläuft und ob ein vollständiger Umsatz erwartet werden kann. Große Werte von K deuten auf (fast) vollständig ablaufende Reaktionen hin, kleine Werte auf

nicht oder kaum ablaufende Reaktionen und mittlere Werte um 1 zeigen an, dass es sich um Gleichgewichtsreaktionen handelt.
Wer es genauer wissen will, berechnet über die Gleichgewichtskonstante die Anteile der Reaktionspartner in Gleichgewicht und kann somit den maximal zu erwartetenden Umsatz unter den gegebenen Bedingungen berechnen. Eine kleine Warnung an dieser Stelle: Nicht immer ist es so einfach wir im obigen Beispiel, aus dem Ansatz der Gleichgewichtskonstanten eine lösbare Gleichung für die Stoffmengenanteile zu erhalten. In diesem Fall bieten sich numerische Lösungen an, wobei die Werte der Stoffmengenanteile so lange optimiert werden, bis sich der zuvor berechnete Wert der Gleichgewichtskonstanten ergibt.

5 Dritter Hauptsatz

Nun fehlt nur noch der Dritte Hauptsatz. Auch für diesen gibt es (man ahnt es schon) mehrere Formulierungen. Eine ziemlich bekannte ist die von Max PLANCK:

> Die Entropie aller perfekten kristallinen Substanzen am absoluten Nullpunkt ist gleich Null.

Das ist doch endlich mal ein kurzer, knapper und leicht verständlicher Hauptsatz. Trotzdem lohnt sich auch hier ein genauerer Blick: Was ist eigentlich eine perfekte kristalline Substanz und warum soll deren Entropie am absoluten Nullpunkt den Wert Null annehmen?

Ein Kristall ist ein Festkörper, dessen Bausteine (egal, ob das Atome, Ionen oder Moleküle sind) regelmäßig angeordnet sind. Eine perfekt kristalline Substanz ist daher nichts anderes als ein Feststoff, dessen Bestandteile perfekt, also ohne die geringste Unregelmäßigkeit angeordnet sind. Das kann prinzipiell nur dann funktionieren, wenn die Positionen der Bausteine zueinander absolut unveränderlich sind, also am absoluten Nullpunkt. Ein solcher Zustand ist links in Abb. 5.1 dargestellt. Da es nur eine einzige Möglichkeit gibt, dieses Zustand zu realisieren, ist sein Ordnungsgrad perfekt und seine Entropie Null.

Die Situation in der Mitte stellt einen *fast* perfekten Kristall dar: Einer der Bestandteile ist an der falschen Position. Da jeder Bestandteil die „Chance" hat, an der falschen Position zu enden, gibt es für diese Situation mehr als eine Möglichkeit, der Ordnungsgrad ist nicht mehr perfekt und die Entropie nicht mehr Null. Das ist schnell passiert, es genügt, wenn er sich zu dem Zeitpunkt am „falschen" Ort befunden hat, an dem seine kinetische Energie nicht mehr ausreichte,

T. Hecht, *Thermodynamik (nicht nur) für Chemietechniker*, essentials,
https://doi.org/10.1007/978-3-658-34776-5_5

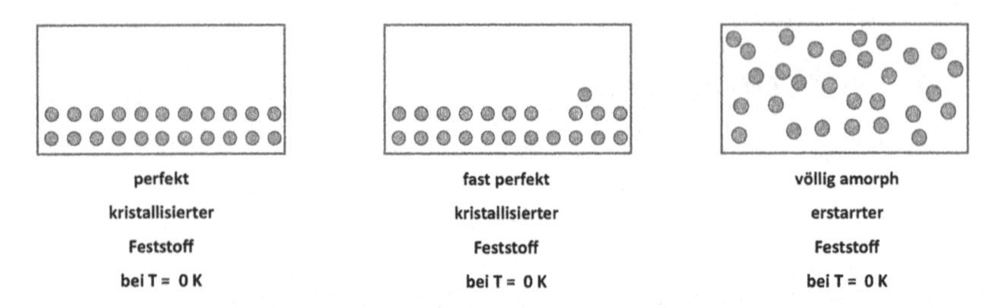

Abb. 5.1 Unterschiedliche Ordnungsgrade in Feststoffen am absoluten Nulltpunkt

an den „richtigen“ Ort zu kommen. Das Problem lässt sich zwar theoretisch dadurch lösen, dass man die Temperatur unendlich langsam verringert: Dadurch hätte jeder Bestandteil Zeit, an die richtige Position zu kommen. Es würde halt nur unendlich lange dauern…

Diese Überlegung reicht eigentlich schon, um zu einer anderen Formulierung des Dritten Hauptsatzes zu kommen:

Es gibt keinen Prozess, mit dem es möglich ist, mit endlich vielen Schritten den absoluten Nullpunkt zu erreichen.

Diese Formulierung ergibt sich daraus, dass es zwar mit unendlich vielen Schritten möglich wäre, ihn zu erreichen, aber praktisch eben nicht möglich ist, eine unendliche Anzahl von Schritten zu gehen.

Und was bringt der Dritte Hauptsatz in der Praxis? Im Laboralltag recht wenig. Aber immerhin die Erkenntnis, dass die Entropie, im Gegensatz zu den anderen besprochenen Größen wie Innere Energie, Enthalpie und Freie Enthalpie den Wert Null annehmen kann. Es ist eben doch nicht alles relativ…

6 Zum Schluss und zum Weiterlesen

Ziemlich zu Beginn dieses essentials wurden drei Fragen gestellt:

- Wird es *überhaupt* reagieren?
- Wird es *heftig* reagieren?
- Wenn es reagiert, wird es *vollständig* oder nur *teilweise* reagieren?

Alle diese Fragen sollten nun beantwortbar sein. Die Frage, ob es überhaupt reagiert, lässt sich mit Hilfe der freien Enthalpie beantworten: Diese muss negativ sein.

$$\Delta_R G < 0$$

Ob es vollständig oder teilweise reagiert, lässt sich sagen, wenn man mit Hilfe der freien Enthalpie die Gleichgewichtskonstante berechnet: Je größer diese ist, desto mehr liegt das Gleichgewicht auf Seite der Produkte.

$$\Delta_R G_m^0 = -R \cdot T \cdot ln K$$

Ob es heftig reagiert, wird meist auf Basis der Enthalpie beantwortet, die bei exothermen Reaktionen negative Werte annimmt.

$$\Delta_R H < 0$$

Damit lässt sich schon einiges anfangen. Wer nun auf dem Geschmack gekommen ist und es genauer wissen möchte: Alles, was in diesem essential behandelt

T. Hecht, *Thermodynamik (nicht nur) für Chemietechniker*, essentials,
https://doi.org/10.1007/978-3-658-34776-5_6

wird, und noch viel mehr, findet sich in den üblichen Lehrbüchern zur Physikalischen Chemie. Diese behandeln aber die ganze Physikalische Chemie (und die ist ziemlich umfangreich) mit (auch das könnte abschreckend wirken) eher anspruchsvoller Mathematik. Zur Thermodynamik selbst gibt es auch viele (gute) Bücher, diese behandeln die chemische Thermodynamik aber oft eher am Rande. Im Folgenden sind einige der wenigen Titel genannt, die sich eher mit der chemischen Thermodynamik befassen (abgesehen vom erstgenannten) und bei denen die Mathematik nicht zu sehr im Vordergrund steht:

- Peter Atkins, *Vier Gesetze, die das Universum bewegen:* Eine sehr kurze Einführung in die vier Hauptsätze. Gut zu lesen, kommt ohne Formeln aus, trotzdem keine triviale Kost.
- Christian Thommsen, *Thermodynamik-Formeln für Dummies:* Inhaltlich ziemlich nahe an dem vorliegenden essential, aber mit „exakterer" Mathematik. Der Leser sollte keine Berührungsängste vor partiellen und totalen Differentialen haben.
- Roland Reich, *Thermodynamik:* Behandelt auf ca. 300 Seiten ziemlich eingehend alle wesentlichen Gebiete der Thermodynamik, trotz Differential- und Integralrechnung gut verständlich. Leider nur noch antiquarisch erhältlich.

Was Sie aus diesem *essential* mitnehmen können

Wenn Sie dieses essential nicht nur durch*lesen*, sondern auch durch*arbeiten*, sollten Sie in der Lage sein

- Zu berechnen, *ob* eine chemische Reaktion abläuft oder nicht
- Zu beurteilen, *warum* eine chemische Reaktion abläuft oder nicht
- Einzuschätzen und zu berechnen, ob sie *vollständig* oder nur *teilweise* abläuft

Wenn Sie nun mehr Interesse an der Schnittmenge aus Chemie und Physik gefunden haben und einsteigen möchten, finden Sie in der Literaturliste weitere Beispiele und Vertiefungsmöglichkeiten.

T. Hecht, *Thermodynamik (nicht nur) für Chemietechniker*, essentials,
https://doi.org/10.1007/978-3-658-34776-5

Printed in the United States
by Baker & Taylor Publisher Services